幸福与生命
Happiness and Life

真实幸福的生命之路

The path in life to authentic happiness

黄智礼 著

Joseph Zhili Huang

Happiness and Life: The path in life to authentic happiness

Simplified and Traditional Chinese Version Copyright @ 2020 by Joseph Zhili Huang

P.O. Box 3002, Princeton, NJ 08543-3002

First edition in Simplified Chinese published in Oct. 2020.
First edition in Traditional Chinese published in Jan. 2021.

Unless otherwise noted, scripture quotations are from Chinese Union Version with New Punctuation (CUNP), published in 1988 by the United Bible Societies.

Bibliographical references
ISBN: 978-1-7359140-0-8

Printed in the United States of America
1 2 3 4 5 6 7 8 9 10 11 12

Dedicated to all people,
who are longing for Happiness
and
seeking for Life.

献给所有
渴望幸福
和
寻求生命
的人。

目　录

序 言

　　我听见回声，来自山谷和心间，以寂寞的镰刀收割空旷的灵魂，不断地重复决绝，又重复幸福，终有绿洲摇曳在沙漠。

　　　　　　　　　　　　　　　　——《生如夏花》泰戈尔

　　2014年感恩节前后，经一位朋友介绍我结识了几位在心理学和积极心理学领域的有识之士。当时他们正在寻求一种可以方便检测人体内皮质醇（Cortisol）激素的技术，以快速客观地评估个体的心理压力；而我已经在医疗仪器和生物医学检测领域工作了三十多年。我们大家一拍即合，即刻开始了激素与心理压力、智能心理压力监测和压力疏解等方面的幸福科技的研究和开发。

　　我们每个人在人生中都会经历各种心理压力，如青少年时期的学习压力，考试压力；成年后的工作压力，家庭财务压力，子女教育压力，与家庭成员、同事和朋友之间关系紧张压力；而在步入老年后更多地经历身体健康压力。另外，空气污染、噪音、交通、过度拥挤、自然灾害等也会引发个体的心理压力。随着经济和社会的飞速发展，生活节奏和竞争加剧，"压力山大"已经成为社会普遍现象，而压力导致的抑郁症及其进一步引致的自杀也已成为全社会必须切实关注的心理健康问题。

　　世界卫生组织（WHO）在1992年发起每年10月10日为世界精神卫生日，希望引起人们对精神和心理健康，及预防自杀的关注。据最新世界卫生组织的报道，抑郁症已经成为全球一种常见疾病，近十年来年增长率是18%，到2017年患者超过3.5亿名；每年有近80万人死于自杀。在美国，有约1,730万成年人经历至少一次严重的抑郁症发作，这个数字占美国所有成年人的7.1%。美国疾病控制与预防中心在《2018年致命伤害报告》中公布美国人2018年死于自杀人数为48,344名，其中抑郁症是导致自杀的主要原因。

　　抑郁症的主要症状包括持续性的情绪低落、兴趣和乐趣的丧失、睡眠和食欲的改变、自责悲观和绝望感、注意力不能集中以及精力下降。虽然对于中度和重度抑郁症已有有效治疗方法，如行为激活、认知行为疗法和人际心理疗法，或者抗抑郁药物治疗；最有效的治疗方法是对早期抑郁症患者引导向他人倾诉，鼓励社交互动和身体锻炼。其实，面对压力，我们内心都可以感受到，但往往因着身在其中而忽视了压力对身体的影响，没有进行有效的舒解压力和释放压力，导致抑郁症的发生。

　　要切实有效地释放压力，首先得判断所承受心理压力的水平，对心理压力进行量化。传统心理学采用问卷测试量表来判断压力水平，其中知觉压力量表（Perceived Stress Scale）是广泛使用的测试方法之一。通过在最近一个月来，受试者对经历压力事件的感受和想法，对14个问题做出选择评分，由此来评估其压力的程度。但量表评分受到受试者的认知偏差与主观因素的影响，在评估受试者真实的压力水平上存在偏差。

　　生命科学研究表明，人类心理所处的压力状况可以通过身体内分泌的激素水平客观地反映出来。在众多的体内激素中，我们选择了皮质醇和脱氢表雄酮（DHEA）两种激素为压力评估的的检测目标。皮质醇是身体的应激激素，在感受到压力和紧张的工作生活节奏时，皮质醇的水平会迅速升高；因此，皮质醇也称为"压力激素"。脱氢表雄酮是由肾上腺合成的激素，在压力的情况下，脱氢表雄酮的水平也会增加，但它的作用是抵御皮质醇水平的升高；因此，脱氢表雄酮是体内一种抗应激激素，与积极的情感状态存在显著的相关，被称为"减压激素"或"黄金激素"。我们采用唾液样品测试其中皮质醇和脱氢表雄酮的浓度，在平板电脑上设计了相关硬件和应用软件，读出测试结果，进而解析压力水平；通过结合积极心理学倡导的积极情绪管理、积极社会人际关系和发挥个体优势和美德等方法，达到释放压力，干预治疗早期抑郁症，平衡身心健康和提升主观幸福感的目的。

通过这个项目的研究，以及与心理学和积极心理学领域的有识之士近距离的接触和交流，让我思考幸福到底是什么，人类心理活动的机制是什么，人类的意识是如何产生的等等问题。作为一名理工科背景的生命科学研究者，我一直以来对生命现象的奇妙感到惊奇，对生命体控制机理的精细感到钦佩，如，在学生时期解剖课中，看到心脏的结构和工作，感觉真是不可思议，心脏的一个收缩和舒张的跳动周期，完成四个工作，实现了在肺循环中血液的气血交换和在体循环中血液向全身各组织输送氧和养分、带走二氧化碳和其它代谢产物，实在是太巧妙了。而在近二十年基因和蛋白的检测工作中，基因这么一段碱基化学分子可以控制细胞内蛋白质的合成表达。在基因分子序列发生错误时，蛋白质合成也出错，这样，检测基因的分子序列就可以实现疾病的早期诊断，而检测蛋白质就可以实现器质性疾病的诊断，分子生物学实在是太神奇了。

那么，对于抑郁症这个影响人们身心健康和影响幸福感的疾病的机理是什么呢？除了上面谈到的身体内分泌失调的机理之外，传统医学认为这是心理性疾病，属于精神科；现代医学提出抑郁症是大脑生理性疾病。先进的影像医学技术发现，抑郁症患者大脑前额叶和边缘系统等脑区的特征异常和神经通路受损。分子生物医学发现抑郁症的发生可能与大脑神经递质分泌失调有关，如多巴胺、五羟色胺（血清素）和去甲肾上腺素，这三种神经递质失去平衡，神经元接收到的信号就会减弱或改变；最新的研究发现抑郁症与大脑内的一种蛋白分子（βCaMKII蛋白激酶分子）密切相关，这个分子是调节神经活动的重要蛋白，失调时会导致快感缺失和行为绝望。神经科学则把抑郁症看作一种神经回路障碍，在大脑前部中轴线深处区域（在大脑皮层划分的56个区域中标记为25区）的神经活动出现异常，与之相连的众多神经网络均受影响，其中包括，影响食欲、睡眠和精力的下丘脑和脑干、影响情绪的杏仁核和脑岛、影响记忆和注意力的海马区，以及影响认知的额叶中的部分区域。近几年兴起得表观遗传学认为严重的压力触发了大脑边缘区域特定基因组位点的变化，从而驱动基因表达的持续变化，导致抑郁症发作；这种压力诱导的表观遗传基因修饰可能发生在生命早期发育过程中，也可能是真正的跨代表观遗传，使得生命个体终生对压力事件抵抗力脆弱而导致抑郁症。

　　总的来说，大脑是人体的一个信息处理器官，它不断整合各种输入信号，协调人体的各种反应。某个区域或某个连接功能失常，大脑就可能错误地感知身体内在和外在的环境，导致认知与行为处理结果的偏差，这样就发生各种心理（精神）功能性疾病，如抑郁症、精神分裂症、注意力缺陷多动症等等。若把人类大脑比作电脑，脑组织或神经元的功能性失常就可视为电脑的硬件问题，也就是电脑中的芯片、外围器件、或连线的功能性损坏或老化；而医治这类疾病大多是调节神经递质的传递通道，这就相当于在电脑中修复芯片和外围器件之间信号的传递电路。

　　如果进一步将电脑替代为一个有意识和情感的人工智能机器人，将抑郁症的症状应用于机器人，如反应迟钝和死机，我

们会怎样来诊断机器人的病因呢？我们都有在电脑工作中发生
电脑反应迟钝和死机的经历，我们的第一反应是软件的编程缺
陷或程序之间的冲突导致的问题，在排除软件问题之后，我们
才会分析硬件的问题。那么，如果机器人患上抑郁症，首先诊
断的病因是机器人的软件，也就是操作系统和运行程序。对于
人类的抑郁症或其它心理性疾病，我们似乎只关注了硬件而忽
视如同机器人软件的问题；对于生命：

什么是生命的软件呢？是双螺旋结构的脱氧核糖核酸
（DNA）分子序列吗？

在电脑工作中发生电脑反应迟钝和死机的情况，解决问题
的最好办法是按下电源开关，重新启动电脑；对于生命：

是否可以通过如同重启电脑一样，重启生命，来解决抑郁
症或其它心理性疾病的问题呢？

再进一步说，如果电脑反应迟钝和死机的问题是因为电脑
病毒导致，显然重新启动电脑就不能解决问题，要先使用杀病
毒软件，将恶性插入在操作系统程序或应用程序中的病毒代码
清除掉，才能使电脑恢复正常；对于生命：

生命中的一些问题是否如同电脑软件插入了病毒一样，在
生命的软件DNA分子序列插入了病毒序列代码？

需要清除生命软件中的病毒代码才能使生命恢复正常吗？

如果生命的软件DNA分子序列感染了病毒，我们人类自身
可以清除病毒吗？

寻求这些问题的答案是我写作这本书的初衷。五年前开始
写作时，我只有朦胧的感觉，随着写作的深入和思考中的感
动，这些问题的答案也渐渐清晰和明了。我希望这本书也能带

给读者您对幸福和生命一个新的思考和认识，听见来自山谷和心间的回声。

　　本书内容涉及多个学科，我对其中众多的知识只是了解皮毛，特别是哲学、伦理学、心理学、认知科学和神学等等，完全是一个门外汉。好在当今的网络科技，我这个门外汉可以足不出户而站在众多学科的门外向里面看上好奇的几眼，窥见其中的瑰宝。我这个门外汉也就怀着淳朴的新鲜感，将我拾到的宝贝擦洗干净，用我颤微的手将她们串在一起，呈现在本书中。

2020年10月31日初稿

2021年3月26日修订

于美国新泽西州普林斯顿地区

第 1 章 幸福是什么？

幸福是把灵魂安放在最适当的位置。

— 亚里斯多德

若夫乘天地之正，而御六气之辩，以游无穷者，彼且恶乎待哉？故曰：至人无己，神人无功，圣人无名。

— 庄子

　　有人说幸福是开心时有人分享，难过时有人安慰，累了时有家可回，疲倦时有人呵护，寂寞时有人倾诉。

　　有人说幸福是驾驶自己渴望已久的汽车，带上家人在辽阔的乡间公路上兜风。

　　也有人说幸福是看到一个熟悉的景象，听到一首久违的老歌，脑海中呈现那美丽遥远的回忆。

　　又有人说幸福是给家人做上一顿丰富的美味晚餐，静静地看着他们享用。

　　还有人说幸福是深夜加班回家的路上，知道家里有人在等着自己，餐桌上预备着一个简单的夜宵。

　　是啊，幸福是一个人心里对当下生活和境遇的一种愉悦、满足、舒适的感觉和对美好未来的一种憧憬和祈望。中国人的幸福蕴含在中华民族源远流长的福文化中，每逢农历新年，家家户户都要在门上、窗上、墙壁上、门楣上贴上大大小小的福字，并配上有寿星、寿桃、鲤鱼跳龙门、龙凤呈祥、五谷丰登等图案，福在中国人的心里是一切美好事物和谐的集合。

幸福两字的涵义

　　中文"幸福"两字可追溯到距今约3500多年象形字甲骨文[1]。甲骨文的"幸"字中间的两个孔是铐住手的枷锁，上下的箭头表示勒紧绳子的两端，因此，"幸"字的本意是获罪的刑具，以手铐连锁避免囚犯逃脱；后来，引申为幸运、幸免的意思，也表达囚犯获帝王赦免的意思。甲骨文的"福"字左部的"示"表示祭坛，右部是双手举着一个罐子形状的酒具，左右两部组合在一

---

[1] 《图解说文解字》许慎（58 - 147年）著，陕西师范大学出版社，2010。

起表示在祭坛前向神明祈求，以获得神明之庇佑的意思。"福"
字的本意是祈求得福气和福运的意思。因此，从古文字上看，
"幸福"两个字的组合也就表达了罪得赦免，献祭后获得祝福；
这样，一个人的幸福与其道德、身体和心灵的平安、还有上天
的赐福联系在一起。

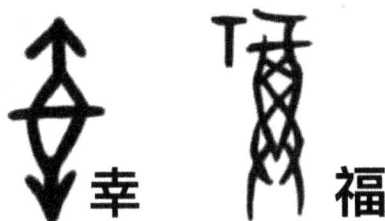

中文"幸福"翻译为英文是 Happiness，Wellbeing 和
Flourishing，对应的希腊文是 Eudaimonia 或 Eudemonia. 在词源
学上，幸福由 eu（好）和 daimōn（精神）组成，表达一个人的
卓越状态，其特征是通过操炼道德美德，实践智慧和理性来实
现一生客观的幸福。可见，在中国文化和希腊文化中，幸福的
语言文字都包含了道德的因素和人生客观的状态。

这就是说，幸福的文字内涵与幸福的心理感觉存在着差
异，当我们谈幸福时，我们说的是生活中的情感和对生命的主
观感觉，我们没有表达道德和美德的客观状态，没有回顾自己
的一生是否有身体和心灵的平安，是否过着智慧且理性的生
活，是否得到上天的赐福。而当我们追求幸福时，我们所追求
的是快乐、自由、平安、健康、温馨和满意的生活，我们不是
去追求幸福内涵的道德和美德，智慧和理性，和上天的赐福。
人们说，活着就是幸福！人生的目的就是追求幸福！幸福对人
生是如此重要，但如果我们生活的幸福并非幸福的内涵，如果

我们倾尽一生所追求的幸福并非幸福的实质，那我们活着就是惘然，我们宝贵的生命就是在虚空中度过。幸福到底是什么？我们必须要清楚明白并生活在幸福之中才不会枉费一生。

哲学的幸福观

在西方哲学中，比较有代表性的幸福观是公元前500-300年古希腊三位哲学家亚里士多德[2]，柏拉图[3]和苏格拉底[4]的理性思想，主张抑制欲望，追求道德的完善和精神上的幸福。亚里士多德认为真正的幸福是理性上的精神（或译为灵魂）幸福（Eudemonia）。幸福是所有人所追求的终极目标，而人的一生都是在求善求福；当善的理念是存在的终极目标，那善的理念就是至善，幸福也就是至善，也就是终其一生按理性的要求过有德性的生活。[5] 他关于幸福的至理名言是："幸福是把灵魂安放在最适当的位置。" 亚里斯多德的老师柏拉图认为健康、财富、美貌等等都可以看作是完美生活的要素，但在这些要素之上还有一个更重要的要素，那就是"美德"。柏拉图的老师苏格拉底认为：人生的本性是渴求幸福，方法是求知，修德行善，这样才是一个幸福的人。

---

[2] 亚里士多德：（Aristotle，公元前384 - 322年）古希腊著名思想家。
[3] 柏拉图：（Plato，公元前429 - 347年）古希腊著名思想家。
[4] 苏格拉底：（Socrates，公元前469 - 399年）古希腊著名哲学家。苏格拉底的柏拉图老师，柏拉图是亚里斯多德的老师，他们三人被认为是西方哲学的奠基者。
[5] 关于美德与幸福的详细论述可参见亚里士多德的《尼各马可伦理学》，成书在公元前330年左右；中文译本，商务印书馆，2003.

　　与亚里士多德差不多同时期的古希腊还有两个哲学流派，斯多葛学派[6]和伊壁鸠鲁学派[7]，前者把人看作宇宙的一部分，而宇宙是美好的、有序的和完整的，人应该与宇宙协调一致，追求最高的善和德性，才能达到内在的幸福。后者认为人生的目的为享受快乐幸福的生活，而快乐幸福的生活分为精神和肉体两个层面，因此，肉体的健康和灵魂的平静乃是幸福生活的目的。

　　之后到了中世纪，出现了以奥古斯丁[8]和阿奎那[9]为代表的基督教道德观和幸福观。奥古斯丁认为，幸福只能来自于上帝，物质不能给人类带来幸福。阿奎那也指出，唯有上帝才能满足人类的欲望，使人类幸福；人类没有至善，只有上帝才是至善的；人类唯有信仰上帝才能不断地向至善接近，从而获得幸福。他们的幸福观与中文"幸福"两字表达向上天求赐福的概念是一致的，只是他们的上天是有人格概念的上帝。到了18世

---

[6] 斯多葛学派：是古希腊著名哲学家芝诺（Zeno，约公元前336 - 264年）于公元前305年左右在希腊雅典创立的学派。

[7] 伊壁鸠鲁学派：是古希腊著名哲学家伊壁鸠鲁（Epicurus，公元前341 - 270年）创立的学派。与柏拉图的学园派，亚里斯多德的逍遥学派和斯多葛学派，称为古希腊的四大哲学学派。

[8] 圣·奥勒留·奥古斯丁（Saint Aurelius Augustinus，354 - 430年）是基督教早期神学家，教会博士，新柏拉图主义哲学家，其思想影响了西方基督教教会和西方哲学的发展。

[9] 托马斯·阿奎纳（Thomas Aquinas，1225 - 1274年）中世纪经院哲学的哲学家、神学家。他把理性引进神学，是自然神学最早的提倡者之一和托马斯哲学学派的创立者，成为天主教长期以来研究哲学的重要根据。

纪启蒙运动时期，西方哲学史出现了一个新星"康德"[10]，他的哲学批判思想把幸福和道德的关系推到了一个全新的高度，在本书第4章将会深入探讨这个话题。

与古希腊四大哲学流派同时期，在中国出现了儒家、道家和墨家三大哲学思想学派，加上法家等构成了中国的传统文化体系。孔子是儒家[11]的创始人，他在反思先祖祭祀求福行为与幸福结果的关系后，认识到一个人的德性与幸福是相关的。在《中庸》[12]一书中他说："大德者必受命。"受命的意思是获得位禄名寿，这些是中国社会所认同的福祉。大德者必受命是说人因着其好的道德品格一定会得到一个很好的社会地位，得到很好的俸禄，得到很好的名声，还会健康长寿。可见，孔子的幸福观是以道德为准则的，这与那个时期的亚里斯多德和苏格拉底的幸福观可谓是异途同归。

庄子是道家[13]的代表人物，是老子思想的继承者。庄子没有像儒家一样宣扬仁义道德，靠自我修养达成人的最高境界，成为圣人而得福；也没有像墨家[14]一样宣扬兼爱和非攻来实现

---

[10] 伊曼努尔·康德（Immanuel Kant，1724 - 1804年）哲学家，启蒙运动时期最重要的思想家之一，《纯粹理性批判》（1781年），《实践理性批判》（1788年），《判断力批判》（1790年），3本书称为康德的三大批判。

[11] 儒家宣扬仁义礼智信的生活和道德规范，主要代表人物是孔子（公元前551 - 479年）和孟子（公元前372 - 289年）。

[12]《中庸》：是中国儒家经典著作之一，论述人生修养境界的一部道德哲学著作，写作于公元前483 - 402年。

[13] 道家崇尚智慧和自然，与自然和谐相处，主要代表人物是老子（年代不详）和庄子（公元前369 - 286年）

[14] 墨家讲的是人人平等互助互爱，反对战争，主要代表人物是墨子（公元前468 - 376年）。

博爱和和平的生活，并寄托于君主来为民众带来幸福。庄子是
以个体生命为本，顺其自然，寻求心灵自由和人格独立的人生
幸福。

在庄子的著作《逍遥游》[15]中，庄子首先讲了一个大鸟和
小鸟的故事：大鸟起先是北海的一种十分庞大的鱼，其名为
鲲，之后鲲化为大鸟，叫做鹏。鹏的羽翼张开像天边的云彩一
样，足以见鹏的阔大。但鹏必须等海风吹起的时候，借助海风
的力量才能起飞，一旦起飞，就要一直飞到九万里外的南冥。
斑鸠等小鸟就开始嘲笑鹏，它们笑道：我一下子就飞起来了，
飞到榆树，枋树那么高就行了，有时候连那么高都飞不上，不
也挺开心的吗？为什么非要飞到那么远的南冥去呢？庄子用这
个故事告诉人们大鸟和小鸟只要它们都做到了它们所能做的，
所爱做的，它们都同样是幸福的。庄子在《骈拇》[16]篇中继续
用野鸭和仙鹤做比喻，说：

> 凫胫虽短，续之则忧，鹤胫虽长，断之则悲，故性长
> 非所断，性短非所续，无所去忧也。

意思是：野鸭的腿虽然短，但要继续长长反而会造成忧
虑；仙鹤的腿虽然长，但要截断反而会造成痛苦。比喻一切事
物都要顺其自然，不可强求。幸福也是一样，人在能够充分而
自由地发挥自然能力的时候，就很幸福。当然，这种幸福是一
种相对幸福，如同大鸟有大鸟的幸福，小鸟有小鸟的幸福，有
没有绝对的幸福呢？庄子认为是有的，在描写了大鸟和小鸟的
幸福之后，庄子讲述了一个御风而行的故事：有个人名叫列
子，能够乘风而行，驾轻就熟，飘然自得，可以在天上飘溜十

---

[15] 《逍遥游》是道家经典著作《庄子》又称《南华经》的首篇。

[16] 《骈拇》是《庄子》第8篇。

五天以后返回。因为，他不用走路，在世间没有比他幸福的人。但是，他必须凭借于风力才能飞翔，所以他的幸福在这个范围里还是相对。接着庄子说道：

若夫乘天地之正，而御六气之辩，以游无穷者，彼且恶乎待哉？故曰：至人无己，神人无功，圣人无名。

白话意思是：如果一个人遵循宇宙万物的规律，把握六气（阴、阳、风、雨、晦、明）的变化，遨游于无穷无尽的境域，这样的人还有什么需要仰赖的呢？庄子说：这是一个能够达到忘我、无我境界的"至人"，一个心中没有功利的"神人"和一个不追求名誉和地位的"圣人"。这是庄子描写的一个得到绝对幸福的人，他超越了外在的事物，也超越了内在的自己，达到了无我、无功、无名这样与道合一，天人合一的境界。这是庄子对幸福的终极理想。

查考了中外圣贤对幸福的定义和解释，你是否会感觉幸福离我们非常遥远，完全是一种可望不可及的感觉？当然，定义也好，理论也好，都是文化层面上的，幸福毕竟是一个人对自己生活、对生命的感受，心理的感觉和主观的感受是最真实的。

心理学的幸福观

我们来看看心理学是怎样定义幸福的。心理学家给幸福的定义是一个人的需要得到满足时而产生喜悦快乐的心理状态，无论这个需要是物质上的还是精神上的，也无论是获得的满足还是给予的满足，心理学家称这种个体自我的喜悦快乐心理感觉为幸福感,并取名字叫主观幸福感 (Subjective Well Being) 。

马丁.赛利格曼教授[17]在他的著作《真实的幸福》[18]中说:

> 看一个喜剧电影,或者吃一顿美食,这些只是暂时的快感,不是幸福。幸福感是指持续满足的、快乐的、稳定的感觉,包括对自己现实生活的总体满意度和对自己生命质量的评价,是一个人对自己生存状态的全面感觉。

但如果幸福排除了道德的成分,幸福感就与人类的普遍伦理道德没有任何关系,完全是个人的事情,那么坏人作恶持续地伤害他人满足自己的欲望,似乎也是幸福的;贪官污吏、小偷骗子,用卑鄙的手段获得财富,满足其贪婪欲望,并大肆挥霍,这似乎也可视为是幸福。这样看来主观幸福感对幸福的心理学定义似乎有所欠缺。

心理学并没有将幸福的研究停留在个体的主观层面,心理幸福感和社会幸福感将幸福感与良好的心理机能,生命的意义、自我的实现和人的社会生活层面联系起来。这样,心理学对幸福的诠释也包括了道德、生命意义、社会价值、社会贡献等等方面,这一点我会在后面的章节中谈到。

近年来,心理学家提出了一种心流 (Mental Flow) 的幸福概念。这是指人们在做某些事情,从事某项工作时,以全神贯注的忘我状态投入,期间甚至感觉不到时间的存在,而在事情

---

[17] 马丁.赛利格曼 (Martin Seligman,1942 -) ,美国宾夕法尼亚大学心理学教授,美国前任心理学会的主席,积极心理学的开创者和倡导者。

[18] 《真实的幸福》英文书名: Authentic Happiness,美国Free Press出版社2002年出版。本书通过积极心理学的方法,帮助读者深入了解自己的幸福感以及自己突出的性格优势,从而实现幸福和有意义的人生。

或工作完成之后就会有一种充满能量，高度兴奋，并且非常满足的感受。心流概念的创始人米哈里·契克森米哈赖[19]称这种状态是最接近于幸福的最优体验，或涌流状态，颠峰状态。中国大陆的学者称这种状态为福流[20]，也许这更贴切地表达了这种幸福的感觉。其实在日常工作和生活中，我们做自己非常擅长、且喜爱、同时有挑战的事情就很容易体验到心流，比如运动、玩游戏、演奏乐器和工作。但是事情和工作挑战的难度要合适，否则人们会进入焦虑或无聊的心理状态。

幸福实在是对人类非常重要，幸福感是那么丰富多彩，而幸福的理论却是复杂深邃，变量繁多。幸福就如同一盘美味佳肴，色香味的感觉是那样的真切，而分析色香味的成分又是那么的高深莫测。我们暂且将哲学和心理学对幸福的定义、理论、概念放在一边，谈谈我们自己真切的感觉。

我幸福吗？

我们每个人都知道幸福对自己意味着什么：幸福就是自己身心健康、无病无灾、自己对生活感觉开心和满意，对未来无忧无虑。但是当简单地问自己"我幸福吗？"脑海中浮现的那点点滴滴美好的、开心的和满意的回忆，瞬间就被人生中痛苦的挣扎，工作和生活中的压力，与朋友之间的矛盾，与家人的争执所搅扰。和谐愉悦的幸福波形总是有非常强烈的背景噪音。

---

[19] 米哈里·契克森米哈赖 (Mihaly Csikszentmihalyi, 1934 -)，美国籍匈牙利籍心理学家，芝加哥大学心理系教授，著有《心流：最优体验心理学》、《生命的心流》、《自我演化》、《创造力》等畅销书。
[20] 参见《吾心可鉴：澎湃的福流》，彭凯平，清华大学出版社，2016.

"我幸福吗?"这个问题确实很难用简单的"是"或"不是"来定性回答,也不可能用0至10分级来定量描述。

2012年秋季,中国中央电视台特别策划了《你幸福吗?》这个调查节目。节目共调动了18个国内记者站、7个海外记者站以及北京总部共70路记者,加上20个地方台,采访了包括城市白领、企业工人、乡村农民、科研专家在内的几千名各行各业的人士,提出同一个问题:你幸福吗?回答当然如同每个人的生活一样千姿百态。诺贝尔文学奖获得者莫言[21]对这个问题的回答应该是具有普遍的代表性。当央视主持人问莫言"你幸福吗?",莫言回答说:

"我不知道,我从来不考虑这个问题。"

"我现在压力很大,忧虑重重,能幸福么?"

"我要说不幸福,那也太装了吧。刚得诺贝尔奖能说不幸福吗?"

莫言的短篇小说《师傅越来越幽默》[22]表达了幸福跟金钱、地位、荣誉、个人形象无关,是人心灵的一种感受,是对生活中得失喜乐的态度。现实中的莫言恰恰是这篇小说中人物的写照。他30多年持续不断地进行文学创作,在海内外赢得了广泛声誉,2012年获得诺贝尔文学奖可谓是实至名归。然而这一切的创作和荣誉似乎并没有给他带来幸福,反而是"压力很大,忧虑重重。"

---

[21] 莫言本名管谟业(1955 -),北京师范大学教授。莫言从1981年发表处女作短篇小说《春夜雨霏霏》到2011年长篇小说《蛙》获第八届茅盾文学奖,至今莫言已发表100多部小说和散文,2012年获诺贝尔文学奖。

[22] 《师傅越来越幽默》:莫言上世纪90年代作品,2000年中国电影导演张艺谋将小说改编成电影《幸福时光》。

　　的确、我们许多人没有思考过"我幸福吗？"这个问题，或者说没有认真思考过这个问题。因为，我们的生命是全然美丽和谐的，对生命的感觉也应该是美好和幸福的，我们活着就应该是幸福的，这不是要思考的问题。"你幸福吗？"问题的提出就说明我们活着出现了问题。

　　过去30多年全球经济快速发展，人们的物质生活不断丰裕，各种高新科技产品、娱乐活动不断涌现、大多数人们过上了衣食无忧并且丰富多彩的生活；财富应该给人们带来幸福。但有了钱后人们的生活质量变得更好了吗？在各种需要得到满足后，生活得快乐幸福吗？答案似乎是否定的。目前全世界每年有近80万人死于自杀，[23]也就是每40秒就有一人自杀身亡，远超过瘟疫、战争、饥荒等灾难造成的死亡人数。 人们在需求得到满足时产生了幸福感，但似乎幸福感在需求得到满足后又转瞬即逝，反而是忧虑重重，对幸福我们感到了迷茫和困惑。

国际幸福日

　　联合国为呼吁全世界人民积极、快乐、充实地生活，并与自然和谐相处，在2012年宣布将每年的3月20日作为国际幸福日。2012年4月，联合国首次发布全球幸福指数报告，比较全球156个国家和地区人民的幸福程度。报告中，丹麦成为全球最幸福国度，10分满分中获近8分，其它北欧国家亦高踞前列位置，美国排名11，中国香港排名67，中国内地则排在112，台湾排名第25位。报告称人类生活质量不断上升，但全球过去30年的幸福指数仅微升。报告引用联合国幸福国家调查主持人，哥

---

[23] 世界卫生组织2018年8月24日报道：每年有近80万人自杀身亡，而每年自杀未遂人数是自杀死亡人数的许多倍。

伦比亚大学教授杰弗里·萨克斯[24]的话说："富裕亦造成烦恼，如饮食失调、肥胖等问题，亦可能令人沉溺购物和赌博。"

经济增长伴随而来是更多社会问题，如失去信任、焦虑等愈加严重，相比经济收入，政治自由度、社交网络、杜绝贪腐等因素更为重要。个人层面上，良好精神及身体健康、稳定家庭和婚姻、工作保障等对幸福非常重要。

报告指出发达国家女性较男性幸福，中年人的幸福指数在不同年龄阶层中比较是最低。报告称失业带来的不幸福，与丧亲和分离一样难受；而工作稳定和办公室关系，较薪酬和工作时间更重要。

2015年3月19日我有幸参加了联合国"第三届国际幸福日"的纪念活动，两百多人出席了那天的会议。联合国新闻部主管杰弗里·布雷兹（Jeffrey Brez）致欢迎词，他代表联合国欢迎所有嘉宾及与会代表，希望联合国"国际幸福日"的活动可以引起各个国家对幸福的重视。中国清华大学的彭凯平教授[25]就中国的幸福教育实践做了主题发言。联合国秘书长潘基文[26]通过视频致辞，并祝愿世界各地的每个人快乐、积极和幸福，表达了追求人人享有和平、繁荣和有尊严的生活是联合国的主要目标之一，他用了十八种语言说出了会议的主题： Happiness（幸

---

[24] 杰弗里·萨克斯（Jeffrey Sachs，1954 - ）：全球发展问题专家，2004年和2005年，连续两年被《时代》杂志评为"世界百名最有影响的人物"之一。

[25] 彭凯平（1962 - ）：现任清华大学社会科学学院院长，清华大学心理学系主任，心理学教授，中国国际积极心理学大会执行主席，获中国十大先生，健康中国年度十大人物等荣誉，福流概念的提出者和倡导者。

[26] 潘基文（Ban Ki-moon）：联合国第八任秘书长，2007 - 2016年。

福）。会议结束时还邀请了普利兹奖获得者朗诵幸福诗词《我
们到底需要什么？》[27]

> 我们需要陪伴
>
> 我们需要感动
>
> 我们需要激奋
>
> 我们需要行动
>
> 我们需要感情
>
> 我们需要生活
>
> 我们需要创造
>
> 我们需要想象
>
> 我们真的需要是幸福。

影响幸福的因素

我们真的需要幸福，美国哈佛大学最受欢迎公开课是泰勒•
沙哈尔博士[28]的《幸福课》。他著的《幸福的方法》[29]是《纽约
时报》图书排行榜畅销书，该书被翻译成16种文字，畅销26个
国家和地区。幸福对我们如此重要，我们的生活需要幸福，我
们的生命更需要幸福，那么有那些因素影响我们的幸福呢？

谈到这个问题，我们首先想到的是钱，就是收入和财富。
收入和财富是人们现今或将来可以使用的经济资源，以满足生
活的需求和需要，并防止生活中可能出现的风险。如果一个人
的生活没有保障，谈幸福感是没有意义的。中国有句古话说：

---

[27] 彭凯平教授翻译

[28] 泰勒·本·沙哈尔（Tal Ben-Shahar）：哈佛大学哲学和组织行为
学教授。

[29] 《幸福的方法》中文版，当代中国出版社，2007；英文原版
《Happier: Learn the Secrets to Daily Joy and Lasting Fulfillment》2007.

贫贱夫妻百事哀,这句话的意思是不管家庭夫妻俩生活得怎样,如果生活在贫穷中,最基本的生活得不到保障,没地方住、没食物吃,那么凡事都在悲哀之中,那就谈不上幸福。但另有一句话说:花钱买不来幸福。幸福与收入财产的关系似乎是一个悖论,没有收入和财产不会幸福,有了也不见得可以得到幸福。幸福经济学的奠基人理查德·伊斯特林[30]于1974年用美国及其他11个国家的数据对幸福感做了跨国比较研究。他的结论被称为伊斯特林悖论,又称为幸福-收入之谜,或幸福悖论。具体来说,在收入达到某一点以前,幸福快乐随收入增长而增长,但超过那一点后,这种关系就不明显了,收入的高低与幸福水平之间就没有明显的关系了。那我们的幸福感到底受什么因素的影响呢?

　　经济合作与发展组织(OECD)[31]自2011年起,每隔一年出版《How's Life》(生活怎么样)的调查报告,给出国民幸福指导性的社会环境和社会保障,以帮助成员国政府、社区和组织制定政策,提高国民福址。2017年的报告对全球40个国家的居民生活进行了全面的调查,提出了影响幸福生活的11个维度,即收入和财富、工作、住房、健康状况、工作与生活的平衡、教育和技能、社交关系、公民参与和治理、环境质量、个人安全和主观幸福感。

---

[30] 理查德·伊斯特林(Richard Easterlin):美国著名人口经济学家,南加利福尼亚大学的教授。他在1974年的著作《经济增长可以在多大程度上提高人们的快乐》中提出了所谓的伊斯特林悖论 (Easterlin Paradox)。

[31] 经济合作与发展组织简称经合组织(Organization for Economic Cooperation and Development OECD) 是全球35个市场经济国家组成的政府间国际组织。

　　显然在相同的社会客观因素之下，就社会的每个个体而言，仍然存在着幸福感的差异，如，生活在丹麦这个全球最幸福国度中，衣食无忧，仍会有人感到不幸福；而生活在中国内地这个2016年幸福指数排名83位的国家中，国民幸福的社会保障并不是那么完全，也会有人说自己生活美满幸福。这就是OECD《生活怎么样》调查报告谈到的第11个维度，主观幸福感，这是除了生活环境和生活质量的10个客观维度外，人们对自己的生活和经历的感受和对当前状态满足的心理体验。

　　"知足者常乐"可以说是中国人提升主观幸福感的智慧吧，告诉人们知道满足的人就会有快乐幸福。这与美国诺贝尔经济学奖得主保罗·萨缪尔森教授[32]从经济学的角度提出的一条幸福公式有异曲同工之妙，他定义幸福的公式是：

$$幸福 = 物质消耗 \div 欲望$$

　　公式中物质消耗（Material Consumption）指家庭或个人对物质的消耗和拥有，表示其财富；欲望是家庭或个人对物质和精神生活的追求，想要达到的目标，包括高品质的生活，子女受到良好教育，自己的理想，养尊处优的退休，一生平安，无忧无虑等等。这个公式非常简单明了，幸福和财富成正比，与欲望成反比，也就是说，财富确定的条件下，欲望越小，幸福感越大；而在欲望确定的条件下，财富越大，幸福感越大。但公式中的财富和欲望都是变量，一个人的欲望可能会随着财富的增加而变大；财富也可能随着家庭状况和社会环境的变化而

---

[32] 保罗·萨缪尔森(Paul Anthony Samuelson，1915- 2009年)：著名经济学家，麻省理工大学经济学教授，1970年获诺贝尔经济学奖，1996年获美国国家科学奖章。

改变，这样幸福对一个家庭或一个人来说就是不断变化的。但无论如何，这个公式可以推演出下面几个明显的道理：

1. 财富为0，无论欲望多大多小，生活是没有幸福的；即便完全没有欲望，欲望为0，生活也是没有意义的，这是"贫贱夫妻百事哀"的场景；

2. 一个人不知足，就算是世界首富，有限的财富比上无限的欲望，幸福也是趋于0，这是"钱买不来幸福"结论；

3. 一个人根据自己收入和财富的变化调节欲望，在财富和欲望之间找到平衡，那就到达了"知足者常乐"的生活状态；

4. 而如庄子所描写的一个人超越了外在的事物，超越了内在的自我，达到了无我、无功、无名的无欲状态，即便是财富趋近于0，即便是粗茶淡饭的生活，那仍是绝对幸福的人。

心理学家是怎样看待客观因素和主观心理状态对人类幸福的影响呢？马丁.赛利格曼在他的著作《真实的幸福》中提出一个人较为稳定的幸福感取决于三个因素：先天的遗传基因，生长和生活的后天环境和主动控制的心理力量，他的幸福公式是：

幸福指数 = 先天遗传素质 + 后天环境 + 主动控制的心理力量

其中主动控制的心理力量（factors under your voluntary control）表示一个人做什么或不做什么的主动控制因素。公式中各项的权重分别为：先天的遗传基因50%；后天的环境10%；主动控制的心理力量40%。赛利格曼认为先天的遗传基因和主动控制的心理力量是影响一个人稳定幸福感的决定因素，而后天的生长和生活环境，包括前面谈到的OECD《生活怎么样》调查报告中列举的生活环境和生活质量的10个客观维度，还包括生命中无法改变的因素，如年龄、伤残，这些因素对幸福感只有十分之一的影响。

我们暂且不深究各项权重的百分数分配有多么精确，这个公式表达了影响幸福的因素，除了生命中不可改变的因素外，积极主动地调整对待生活的态度，包括个人的欲望和心理力量，似乎可以提高人们的幸福指数，这样追求幸福也就并非捕风捉影。下面我们来看看这些因素对幸福的影响。

先天遗传对幸福的影响

人类能把自身的一些特质，如身材、脸型、性格等，遗传给后代。其中，性格是一个人对现实的态度以及与之相适应的习惯化的行为。人们常说内向性和外向性、乐观和悲观、无私和自私、勤劳和懒惰、勇敢和懦弱等等，都是一个人性格的表现特征。我们知道这些性格特征是会影响一个人的幸福感，如，有些人生性乐观开朗，很容易感到幸福；而有些人生性悲观忧郁，考虑的事情思前顾后，幸福感就会比较低。2016年4月18日自然遗传学杂志发表了迄今全球最大的基因组学对行为遗传的研究[33]，这是一个由142个研究机构190多个科学家组成的国际小组对大约30万人的研究，揭示遗传基因与幸福，抑郁症和神经质之间的关系。科学家们发现了三个与主观幸福感相关的基因，两个与抑郁症状有关的基因和11个与神经质相关的基

---

[33] 自然遗传学杂志 (Nature Genetics) 48期，624-633页，英文标题：Genetic Variants Associated with Subjective Well-being, Depressive Symptoms, and Neuroticism Identified through Genome-wide Analyses。

因，这些基因的遗传变异会影响相应的心理特征，也确实对一个人的幸福感起到影响。

后天环境对幸福的影响

一个显而易见环境对幸福影响的例子就是噪音，我们都有噪音影响休息睡眠的经历。噪音就是人们不需要和不想听到的声音。人类永远无法适应噪声环境，尤其是变化的、间歇性的噪声。噪声污染会引起严重的睡眠障碍、听力障碍、情绪波动，进而影响身心健康和主观幸福感。噪声污染还只是环境污染的一个方面，光污染、空气污染、水污染，这些与生命息息相关的生态环境因素都会对生理健康、心理健康和幸福感带来直接的或间接的影响。

除了生态环境因素外，社会的因素也是人类生存的环境的一个方面，社会的和谐、公平和保障、个人对社会的认同都会影响到人们的幸福感，这些因素在经济合作与发展组织和联合国的幸福报告中都有提到。

值得一提的是，环境对人类的影响早在生命的胚胎期就已经发生。在母腹中胚胎的发育受到母亲自身的许多因素影响，如营养、药物、母亲的情绪等等，这就是著名的成人疾病的胎儿起源（Fetal origins of adult disease）假说，简称巴克假说（Barker Hypothesis），由大卫·巴克[34]在1995年提出了。这一假说渐渐发展成了健康和疾病的发育起源（Developmental Origins of Health and Disease）理论，简称都哈（DOHaD）理论。这个理论不仅包括了人类在胎儿时期，还包括了婴儿和儿

---

[34] 大卫·巴克（David Barker，1938 - 2013）流行病学家，英国南安普敦大学教授。他是下面提到都哈（DOHaD）理论的创始人。

童时期，在受到不利因素的影响下，如营养不良、营养过剩、激素暴露等，人类的组织器官在结构和功能上会发生永久性或程序性改变，从而影响到成年期各种慢性疾病的发生发展，这也影响到一个人的心理健康和幸福感。

心理压力对幸福的影响

心理压力是人对于比较难处理、有困难或对自己有威胁情况和事件发生时的一种心理主观感受，在心理学领域定义为应激反应。根据情况和事件的不同，压力对个体的影响大致分为急性和慢性两种。一个人对压力的处理反映了其主动控制的心理力量。

当遇到某种紧张或危险的情况时，我们的身体感知到压力，会自然地进入急性应激反应，这个反应常称为战斗或逃离（飞行）反应（Fight or Flight）。这是一个体内特定生化反应的过程，大脑将压力刺激信号加工处理，通过下丘脑-垂体-肾上腺皮质通路（HPA轴）使肾上腺素[35]和皮质醇激素[36]释放增加；通过交感-肾上腺髓质通路（SNS轴）引起释放大量儿茶酚胺类[37]物质，两者作用使身体进入快节奏的行动准备中，心跳加快，呼吸加速，血压增高，血液流向主要肌肉群。而与应对压力无关的系统，如消化系统、免疫系统、身体机能修复系统

---

[35] 肾上腺素是由肾上腺和特定神经分泌的激素，能增加心脏血液输出量、肌肉的血流供应、促使瞳孔放大和血糖上升。

[36] 皮质醇又称为可的松也是肾上腺分泌的激素，有提高血压、血糖水平和产生免疫抑制的作用。

[37] 儿茶酚胺是肾上腺产生的激素，主要包括去甲肾上腺素、肾上腺素和多巴胺。多巴胺是一种神经传导物质，具有增加情欲和大脑兴奋感的作用。

等,都会减缓甚至停止。无论选择战斗(Fight)还是逃离(Flight),身体内部这一系列快速反应有助于调动身体的资源来应对紧张或危险的情况。这些激素类物质可以比喻为体内的汽油,点燃后,快速燃烧,提供用于打架或逃跑所需的能量。这个过程大约可以维持10 - 20分钟,随后身体系统通过松弛反应恢复正常功能,这段时间一般需要20 - 60分钟。

有些心理压力情况,如公司上司、老板给的工作期限的压力,家庭财务的压力,教育子女的压力,与家庭成员、同事、朋友的关系紧张压力,青少年的学习压力、考试压力,等等,可能会持续几天,甚至几个月,急性应激反应就转入慢性压力应对。如果压力得不到有效舒解,身体内皮质醇等激素长期维持在较高的水平,大脑会将免疫系统、消化系统、身体机能修复系统功能调低,以分配更多的资源给大脑来解决压力问题。这会导致抵抗力降低、消化不良、身体会感到疲乏、精神会感到烦躁不安、失眠和兴趣缺失。长期下去就会导致内分泌失调,进而导致抑郁症、忧郁症、焦虑症等精神性疾病,甚至促使癌症发生。这些都会严重地影响身心健康和主观幸福感。

积极心理学与幸福

谈到心理学,我们大多数人认为是一门研究心理疾病和不良行为精神分析的学科。自从米哈里·契克森米哈赖提出心流概念,心理学家逐渐发现专注于痛苦研究和解决心理疾病,人们可能会变得更痛苦,心理学也应该关注人们的正常生活,人类的心理健康和幸福,这就是积极心理学发展和推广的初衷。积极心理学,又称为正向心理学,研究人类在道德、智力、审美和创造等方面的优势,以及积极的社会关系、积极的社会组织和生活的意义等内容，以关注个体的积极品质，增强个体的积极情绪为研究的目的，从而激发个体的优势和美德来增加幸福感。

积极心理学创始人之一的马丁·塞利格曼教授提出激发人类幸福感的五个独立要素（PERMA）：

- 感受积极情绪（Positive emotion）
- 能专注投入（Engagement）
- 拥有良好的人际关系（Relationship）
- 明白自己存在的意义（Meaning）
- 能够有所成就（Accomplishment）

这五个独立要素函括在积极心理学的三个应用层面：

1. 享受生命：提出快乐生活的方法，引导人们的最佳体验，并在正常和健康的生活中通过交流，爱好，兴趣，娱乐等，体会和享受积极的情感和情绪。

2. 参与生命：倡导沉浸、忘我和福流的益处，这是人们在活动中积极投入的体验。当一个人的能力和其工作压力能较好地契合时，这些状态就会出现。

3. 生命归属：探讨有意义的人生，人们如何从一些比个人更广大和更持久事情的参与和贡献上，得到幸福、归属感、意义和目的。这些事情包括投身大自然，社会团体，运动，传统活动和信仰。

积极心理学推出多达三十多种干预消极情绪和提高幸福感的方法和技巧，将创造力、天赋、积极情绪、心理素质、道德优势、情商等心理学都囊括在内，激发人类的爱、宽恕、感恩、智慧和乐观等美德和积极品质，以提高人们面对压力时主动控制的心理力量、帮助人们更好地生活和建立幸福的习惯。

在众多影响幸福的因素和提升主观幸福感的方法中，哪些是起决定作用的? 是否如赛利格曼先生认为的先天的遗传基因起决定性的作用; 主动控制的心理力量和压力应对起到次要的作用; 而后天的生长和生活环境仅占10%呢? 我们来看看美国哈佛大学开展的人类历史上对成人发展研究最长研究项目。

历时75年的人生实验

1938年，时任哈佛大学卫生系主任的阿列.博克（Arlie Bock）教授发觉整个研究界都在关心人为什么会生病、为什么会失败、为什么会潦倒，却没有人研究人怎样才能健康、成功和幸福? 博克教授提出了一项雄心勃勃的研究计划，追踪一批年轻人，直到他们的人生终结。从他们的人生得到一个答案: 什么样的人，最可能成为人生的赢家，从而探寻影响人生成功和幸福的关键因素。

项目由两部分组成，分别称为《The Grant Study》（格兰特研究）和《The Glueck Study》（格鲁克研究）。《格兰特研究》的研究对象是1939-1944年期间哈佛大学二年级学生，年龄在19岁左右、心身健康、仪表堂堂、家境良好的美国白人男性; 这一组共268名，可以说他们是社会的未来精英。《格鲁克研究》在其后一年开展，研究对象是1940-1945年期间在波士顿街区成长，无犯罪记录的男性，年龄在19岁左右。他们大多来自波士顿最困难最贫困的家庭，住在廉价公寓里，很多人家里甚至连热水供应也没有。这一组共456名，可以说他们是社会弱势群体。

在项目开始时，这两组共724名年轻人都接受了面试，并接受了身体检查，研究人员挨家挨户走访了他们的父母。其后每隔2年，他们会接到调查问卷，回答自己身体是否健康，精神是否正常，婚姻质量如何，事业成功失败，退休后是否幸福等问题。每隔5年，会有专业的医师去评估他们的身心健康指标。每隔5-10年，研究者还会亲自前去拜访他们，通过面谈采访，更深入地了解他们目前的亲密关系、事业收入、人生满意度，以及他们在人生的每个阶段是否生活良好。

到2015年，在75年的时间里，这些年轻人长大成人，进入到社会各个阶层，成为了工人、律师、砖匠、医生、议员、总统，也有人是酒鬼，有人患了精神分裂。他们经历了第二次世界大战、经济萧条、经济复苏、金融海啸。他们结婚、离婚、升职、失业、当选、失败，他们中有人退休安度晚年，有人英年早逝。到2015年仍然有大约60位90多岁的耄耋老人接受面谈采访。

2015年11月，第四任负责此项目的主管、哈佛大学医学院教授罗伯特·瓦尔丁格[38]在TED大会[39]上用12分钟时间介绍了这个长达75年的研究成果，回答了到底什么样的人生是人类应该有的人生？如何才能健康幸福的生活？人们可能首先想到是财富，名望，或者成就，但答案并非如此。在演讲中瓦尔丁格教授说，在这个项目研究的一开始，不管是家境良好的哈佛大学学生还是波士顿街区贫困家庭的年轻人，他们都相信财富名望和勤奋努力是他们健康幸福和人生成功的保证，然而，75年的

---

[38] 罗伯特·瓦尔丁格(Robert Waldinger，1951 -)哈佛医学院精神病学家。

[39] TED是英语Technology、Entertainment和Design的缩写。从1984年开始由美国一家私有非营利机构组织TED大会，旨在召集众多科学、设计、文学、音乐等领域的杰出人物，分享他们关于技术、社会和人生的思考和探索。现在已是一个国际性的知识和思想共享传播论坛。

研究发现遗传、智商、财富、社会阶层和后天环境对于长寿和幸福来说都不是答案，答案就是一句简单的话：

Good relationships keep us happier and healthier.

（良好的人际关系是我们更幸福和更健康的保障。）

这确实是让几代研究者感到震惊的结论。前任研究者乔治·范伦特（George E. Vaillant）1993年出版了《自我的智慧：哈佛大学格兰特幸福公式研究》[40]一书，在书中说：这个为期60年，耗资2千万美元的研究指向了一个只有五个字的简洁明了的结论：幸福就是爱。2012年出版的阶段性报告《Triumphs of Experience》[41]和瓦尔丁格教授在演讲中谈到了下面几点有趣的结论：

- 孤独寂寞有害健康；然而，争执不断的婚姻，对健康，还不如不结婚为好。
- 良好和亲密的婚姻关系不仅能减缓身体的衰老，而且能使记忆力保持清晰。
- 孩提时代和母亲关系好，受到良好母爱关怀的人，成年后工作效率高，其年收入较少母爱的人多出许多，年老后患上老年痴呆症的机率低。
- 儿童时代受到父爱关怀的人，成年后的焦虑较少。
- 影响人们八十岁时健康状况的，不是胆固醇的高低，而是他们步入五十岁后对人际关系的满意度；而且是满意度越高，健康状态越好。

---

[40] 英文书名：The Wisdom of the Ego，哈佛大学出版社，1993。

[41] 《Triumphs of Experience》哈佛大学出版社分部Belknap出版社，2012。

幸福何处寻?

长达75年的人生研究结果给我们的答案是一个人一生的健康幸福与先天的遗传基因无关,与生长和生活的后天环境无关,仅仅取决于良好的人际关系,取决于人与人之间的爱。罗伯特·瓦尔丁格教授谈到的人际关系是一个人与朋友、家人和社区的关系。这个关系不是泛泛之交,不是狐朋狗友,不是表面上的婚姻,而是有质量的人际关系。这个质量包括真爱、和谐、温暖、推心置腹、相依为命。"良好的人际关系是我们更幸福和更健康生活的保障"和"幸福就是爱"这么简单的结论,为什么我们这么难以得着?而又那么容易被我们忽视呢?当瓦尔丁格教授被问到这些问题时,他风趣地回答说:"Well, we are human.(这是因为我们是人吧。)"

为什么会这样呢?良好的人际关系这一剂健康幸福的灵丹妙药,我们人类为什么视而不见?我们的人际关系为什么是一塌糊涂?幸福就是简简单单的一个字"爱",我们真的难以行出爱吗?难以活出爱吗?我们人到底是怎么了?幸福真的就是如此高深莫测?幸福就真的是离我们是一"爱"之遥吗?

第2章 人啊，人

人，在最完美的时候是动物中的佼佼者，但是，当与法律、正义和道德隔绝以后，便是动物中最坏的东西。他在动物中就是最不神圣的，最野蛮的。

— 亚里士多德

人心比万物都诡诈，坏到极处，谁能识透呢？

《圣经》耶利米书第17章9节

　　良好的人际关系和爱都是每个人心灵深处的渴慕，是和阳光、空气、水、食物，同等重要的东西。当我们还在母亲子宫里的时候，我们包裹在胎膜内，沉浸在羊水中，通过脐带与胎盘相连，而胎盘附着在母亲的子宫内膜上，我们通过脐带内的静脉从母亲身上吸取氧气和营养，通过动脉将我们的代谢排泄物送到胎盘再输给母亲。我们在母亲的子宫里享受着脐带带给我们与母亲生命连接的关系和母亲无私的爱。

　　当我们呱呱降生来到这个世界，立刻我们就成了世界的中心。饿了，妈妈的奶头就送到了嘴边；高兴了，哈哈叫两声，赞扬的声音就在耳边回荡；不高兴嗷嗷一哭，抚摸安抚立即到位。在生命之初，与母亲和父亲的这种被动的人际关系和被呵护、被宝爱的感觉已经深深地扎根在我们的潜意识之中，这种生命的关系、生存的需要和情感的满足成为了我们生命的一种本能。生命之初的潜意识和本能将会怎样影响我们的一生呢？我们的生命又会怎样呈现出这样的本能呢？

自私的胎儿 — 人际关系冲突的根源

　　做了父母的人都知道，母亲在妊娠期间会发生妊娠并发症，常见影响较大的是心脏病、先兆子痫、高血压和糖尿病等。既然称为妊娠并发症，当然这些疾病与腹中的胎儿有关。我们可以直觉推论，胎儿在子宫内生长，通过脐带从母亲身上获得血液供应，使得母亲的总血容量增加，心脏血液排出量增加，这样给母亲的心脏带来额外负担，就可能造成心功能减退和与血液相关疾病；胎儿的代谢排泄物也通过脐带送到到母亲身上，这就导致母亲体内微量元素和激素的变化，导致糖尿病等代谢性疾病。但在这些并发症现象后面的生物学机理是什么呢？罗伯特·泰弗斯教授[1]在1974年提出了亲子冲突（Parent - Offspring Conflict，简称POC）理论，指出家庭人际关系冲突的根本原因有着其生物学基础。大卫·海格教授[2]根据亲子冲突理论，对母亲的孕育行为进行了研究，1993年以标题：人类怀孕中的遗传冲突（Genetic conflicts in human pregnancy）发表了其结果。他发现，胎儿和它的供养体胎盘与母亲和子宫相互作用的方式很像是母亲体内寄生物，胎儿和胎盘总是设法将自己的各种利益置于母亲的利益之上。在来自父亲的精子与母亲的卵子成功结合那美妙的瞬间之后，受精卵经输卵管向下移动进入子宫，胚胎的外层发育成的胎盘细胞侵入母体子宫内膜，引发大量的炎症蛋白分泌。炎症应该对于母亲生命和新生命显然不利，但最新的一些研究，如，哺乳动物妊娠演变中的炎症悖论：将敌人变成朋友[3]，却表明，这些炎症反应对于妊娠可以说是必不可少的。胎盘细胞侵入子宫内膜后，将子宫内膜动脉改造为不能收缩的低阻力血管，使胎盘附着到子宫壁上，实现胚胎的成功着床。

---

[1] 罗伯特·泰弗斯（Robert Trivers，1943 - ）是美国罗格斯大学（Rutgers）人类学与生物科学教授，泰弗斯被誉为当今最有影响力的进化论学者之一和西方思想史上最伟大的思想家之一．

[2] 大卫·海格（David Haig，1955 - ）哈佛大学进化生物学教授。该论文发表在The Quarterly Review of Biology，第68期，495-532页。

[3] 该论文英文标题是：The inflammation paradox in the evolution of mammalian pregnancy: turning a foe into a friend，发表在 The Current Opinion in Genetics & Development（遗传与发展的当前观点），2017年，第47期，24-32页，作者是耶鲁大学生态与进化生物学教授Günter P. Wagner及团队。

　　胎盘的成功入侵子宫产生三个后果：首先，胎儿可以直接接触母亲的动脉血。因此，母亲如同对她自己组织的营养供应一样，不能减少到达胎盘的血液的营养成分。其次，母体子宫脉管系统失去了对胎儿和胎盘血液量的控制。第三，胎盘能够将激素和其他物质直接释放到母体循环中。这些胎盘激素，包括人绒毛膜促性腺激素（human chorionic gonadotropin，hCG）和人胎盘催乳素（human placental lactogen，hPL），随着胎儿的生长，越来越多地释放到母体，影响母体生理和生化机能，使胎儿生长获得最大益处。例如，hPL在怀孕5周就可从血中测出，34～36周达峰值，并维持至分娩，分娩7小时后就不能从血中测出。hPL的浓度水平与胎盘体积及胎儿体重呈正相关。hPL的作用是增加蛋白合成，促进肝脏释放葡萄糖，同时促进血液中游离脂肪酸的升高，这样就抑制外周肌肉组织对糖的摄取，增加胎儿对糖和氨基酸的可用性，保证胎儿迅速生长发育的需要。有趣的是，hPL在母体内的浓度很高，而在胎儿体内的水平却很低。hPL作用于母体催乳素受体，以增加母体对胰岛素分泌的抑制。如果母体不能对胎儿的激素操纵做出适当的反应，不能产生相应胰岛素与之抗衡，就会发生妊娠糖尿病。

　　先兆子痫（Pre-eclampsia）是妊娠最常见的严重并发症之一，通常发生于第三孕期（即第七至九个月），越到后期越严重，其症状是肿胀，伴随高血压和蛋白尿，病情严重时可能会发生溶血反应、血小板过低、肝或肾功能损伤、肺水肿或视力障碍。20多年前，海格教授解释为营养不良的胎儿通过增加母体外周循环的抵抗力来增加其自身营养供应。近代免疫学认为，这个病的重要成因，是胎盘和胎儿有50%父亲的基因，母体对于对外来的胎盘和胎儿抗原产生免疫耐受缺失或者失调。而近几年基因遗传研究表明，胎儿体内来自父亲某些特定的基因发生突变与先兆子痫有关。全球约14%的孕妇死亡病例都归咎于先兆子痫，大约15%的妇女在每次怀孕期间都会遭受危及生命的并发症。[4]

如果我们把受精卵和胎儿看成是一个独立人格的个体，那这个小家伙在母体内，首先借助于50%父亲基因产生的胎盘细胞，成功侵入子宫，占领了一席之地；随后通过脐带从母体无偿获取生命供应；并且借助于从父亲而来的遗传基因所控制的激素秘密释放火力，打赢了与母体之间的血糖和血压拉锯战。从妊娠并发症可以说，胎儿完全不顾母亲的生死，采用操纵、敲诈和暴力的手段，在母体内蹭吃蹭喝蹭住约40周的时间。最后，母亲用清客的方式，将这个小家伙连同其作案工具 — 胎盘请出了子宫。难怪，生物学家说子宫这孕育人类的神圣殿堂是一个没有硝烟的生死战场。

大卫·海格其后推出了基因组印迹理论[5]，试图解释父母间的基因利益如何在其后代的基因组中发生冲突，父亲和母亲都会提供更有利于其后代向自己一方发育成长的基因，并以不同的方式表达出来。这个观点应该是源于上世纪70年代英国演化生物学家理查德·道金斯[6]出版的《自私的基因》，这本风靡全球的科普读物。该书围绕生命体的基因来讲述生物学上的个体

---

[4] 世界卫生组织发表的情况说明书：孕产妇死亡率（Fact Sheets: Maternal mortality），2018年2月16日

[5] 大卫·海格的基因组印迹理论发表在他的著作Genomic Imprinting and Kinship，罗格斯大学（Rutgers）出版社，2002

[6] 理查德·道金斯（Richard Dawkins，1941 - ），英国牛津大学动物学教授，1976年出版名著《自私的基因》，引起广泛关注。

自私与利他行为的关系，其核心思想是：单个个体不会持之以
恒地为团体、为家庭、为其他个体、甚至为自身利益而无私奉
献，他们只会持之以恒地去做对自身基因有利的事情。换句话
说，每一个生命个体都是受基因操纵的生命机器，基因操纵生
命个体做出种种行为，实际上是竭力维护自身的存在，就算是
生命个体表现出舍己为人的利他行为，其目的仍是基因自私的
表达。

基因是带有遗传讯息的脱氧核糖核酸（DNA）分子双螺旋
结构长链中的一个小片段，比如说，人类眼睛虹膜颜色主要有
棕色（也就是黑色）、蓝色和绿色，是由至少3个基因决定
的，其中影响最大的基因称之为OCA2，这个基因对人眼虹膜
颜色变化有74%的影响。DNA分子的组成元素是碳（C）、氢
（H）、氧（O）、氮(N)、磷(P)。一个化学分子结构显然不
具有主观意识和思考能力，也无道德上的含义。道金斯称基因
是自私的，只是拟人的写作手法，他所要表达是基因具有强烈
的自我保存能力，从人类的行为模式角度看起来是自私的。

说胎儿是自私的也可能贬义太强。在母腹中的胎儿是否具
有意识和思考能力，尚且还是个谜，现代科学还没有定论，我
在下面几章中谈到基因和意识时再深入探讨。胎儿在母腹中所
表现的不顾一切保证自身迅速生长发育需要的行为，与其说是
胎儿有意为之，倒不如说是来自父亲的基因表达更为适合和科
学。但无论如何，在脐带这个连接胎儿与母亲的生命关系中，
母亲希望胎儿通过脐带能顺利发育，因为胎儿携带了自己一半
的基因，是自己的后代；胎儿从脐带中得到生命的供应，没有
脐带将难以存活。胎儿和母亲的脐带关系是和谐一致的，两者
在这个关系中都得到了生命的需要。脐带关系也就深深地烙印

在生命之中，在人类的潜意识和本能的行为中起到了潜移默化的作用。

人之初

十月怀胎，一朝分娩，一个新生命呱呱降生来到这个世界。为人父母的人，对下面的场景多少会有些记忆：一张胖乎乎的脸蛋，白里透红，咯咯一笑，散发出天真和稚气；一双大大的眼睛，闪着人类智慧的光芒，滴溜溜左看右看，似乎在探索人生的丰富；两只胖乎乎的小手，上下舞动，时而张开，时而紧握，好像在渴求什么，又好像抓住了什么。婴儿的嬉笑、啼哭、吃奶、便溺、抓东西、扔玩具等外在可见的行为，表达了心中的善意还是恶念？或者无所谓善恶，是一块白板？或者是在母腹中养成自私本能的表达呢？双胞胎婴儿吃奶时是不会互相谦让的，会哭的孩子有奶吃说的就是这个道理；两个婴幼儿面对一个吸引他们的玩具争抢是不会相让的，结果总是强壮的一个抢到，弱小的一个哭闹；这样看来，人是自私的，具有动物的弱肉强食生存本能，这个本能在婴儿的行为上表露无遗。一切的行为都是为了满足自身的需求为出发点，即使是嬉笑或啼哭，也是为了满足自己的物质需要或者情感需要。

除了本能意识表达之外，婴儿是否带着道德意识，带着善意或恶念来到这个世界？为了揭示人本性的起源，美国耶鲁大学心理学家保罗·布卢姆[7]教授做了大量对婴儿和幼儿的心理研究实验，试图回答人的道德意识是源自遗传还是后天习得这个

---

[7] 保罗·布卢姆（Paul Bloom，1963 - ），耶鲁大学心理学和认知科学教授。《善恶之源》浙江人民出版社，2015。英文原著：Just Babies, the Origin of Good and Evil, Crown出版社，2013。

问题。在他的著作《善恶之源》中列举了他设计的心理学实验，实验结果表明婴幼儿有着丰富的内心世界，并且具备初步的某些明辨是非的能力，只不过刚一生下来，婴儿不能表达或者表达不能被观察到而已，一旦婴儿的生理特征发展到一定程度，这种判断能力便开始体现出来，并借助适当的实验手段可以被观察和分析出来。

他的一项经典的实验是这样设计的：一批6个月及10个月大的婴儿，让他们观看贴上眼睛拟人化的正方形，三角形和圆形互动的影像。一个影像是圆形开始尝试登上一个山丘，却不成功，三角形出现在圆形的后面，将圆形推上山顶；而另一影像仍是圆形开始尝试登山丘，四方形出现在圆形的前面，阻碍圆形向上，更把圆形推回底部。婴儿重复看了几次后，研究员将三角形和四方形的玩具摆放在婴儿面前。结果显示，在16名10个月大的婴儿中有14名选择曾帮助圆形的三角形玩具；而12名6个月大的婴儿全数选择三角形，不要四方形玩具。这个实验反映出这些未满一岁，甚至只有半岁的婴儿，明显偏好提供帮助的对象，而不喜欢使人为难的家伙。

保罗·布卢姆的实验和著作揭示人类天生就拥有某些道德本能，在出母腹时就带有道德意识，这包括：1）道德感，一定的区分善意和恶意行为的能力；2）共情和同情心，会因周围人的痛苦而痛苦，进而希望自己能消除他人的痛苦；3）原始的公平意识，喜欢平均分配资源；4）原始的公正意识，渴望看到善行得好报，恶行遭惩罚。这样看来，人性在生命之初是以自私为本能，且具有一定分辨善恶的道德意识。

人性的善恶

如果是这样，那么到底是善良占优势，还是恶念为主导呢？从人类社会的道德规范，我们似乎看到人性本质善与恶的矛盾，如果人性本质是善的，为何需要社会的道德规范教人为善呢？而如果人性本质是恶的，为何人类社会文明会有道德规范的存在呢？

在中国，从春秋战国时期的儒家孔子之后的孟子和荀子[8]就开始性善和性恶两种观点的争论。孔子思想的继承者孟子主张性善，他在《告子》[9]中论人性说：

> 恻隐之心，人皆有之；羞恶之心，人皆有之；恭敬之心，人皆有之；是非之心，人皆有之。恻隐之心，仁也；羞恶之心，义也；恭敬之心，礼也；是非之心，智也。仁、义、礼、智，非由外铄我也，我固有之也，弗思耳矣。

意思是：同情心，人人都有；羞耻心，人人都有；恭敬心，人人都有；是非心，人人都有。同情心属于仁；羞耻心属于义；恭敬心属于礼；是非心属于智。这仁、义、礼、智都不是由外在的因素加给人的，而是人本身固有的，只不过平时没有去想它，因而不觉得罢了。

荀子主张性恶，在他的著作《荀子》一书的第二十三篇《性恶篇》谈到：

> 今人之性，生而有好利焉，顺是，故争夺生而辞让亡焉；生而有疾恶焉，顺是，故残贼生而忠信亡焉；生而有耳目

---

[8] 荀子（公元前316 - 237年），名况，尊称为荀卿，中国春秋战国时代儒家学者和思想家。

[9]《告子》是《孟子》书中的篇目，分上、下两篇，以孟子与告子两人论辩的形式，阐述了孟子关于人性、道德的思想。

之欲，有好声色焉，顺是，故淫乱生而礼义文理亡焉。然则从人之性，顺人之情，必出于争夺，合于犯分乱理，而归于暴。

意思是：人的本性，一生下来就有喜欢财利之心，依顺这种人性，争抢掠夺就产生，而推辞谦让就消失了；一生下来就有妒忌憎恨的心理，依顺这种人性，残杀陷害就产生，而忠诚守信就消失了；一生下来就有耳朵、眼睛的贪欲，有喜欢音乐、美色的本能，依顺这种人性，淫荡混乱就产生，而礼义法度就消失了。这样看来，放纵人的本性，依顺人的情欲，就一定会出现争抢掠夺，一定会沉沦于违法乱纪，而最终趋向于暴乱。荀子因其性恶论被视为儒家孔门异端。但孟子和荀子都认为人性在后天学习中可以改变。

中国近代思想家梁启超先生[10]认为孟子的性善论强调了教育的可能性，荀子的性恶论强调了教育的必要性。在中国文化中，不论持"人性善"，还是持"人性恶"，其实强调的都是人具有人性升华能力，认为人最终能靠着修练或顿悟，到达至善光明的美好境界。

《人心：善恶天性》的作者埃里希·弗洛姆[11]在开篇也提出了这个古往今来一直争论不休的问题：人心是善还是恶？他用具有强烈攻击性且狡猾、贪婪的狼和温顺的羊来比喻，提出了两种假设：如果说人性本善，大多数人是羊的话，为什么人

---

[10] 梁启超（1873 - 1929年）清朝末年、民国初年的中国近代思想家、政治家和教育家。他倡导新文化运动，支持五四运动。

[11] 埃里希·弗洛姆（Erich Fromm，1900 - 1980年）美籍德国犹太人，人本主义哲学家和精神分析心理学家，墨西哥国立自治大学和密歇根州立大学心理学教授。

类历史是用鲜血写成充满暴力的历史？近代社会为什么会出现两次世界大战、奥斯维辛集中营惨案、南京大屠杀？如果说人性本恶，大多数人是狼的话，为什么我们的社会是向着文明和谐发展？在生活中的善良和美好总是在激发我们心中的共鸣和向往？或许，存在两种人类，一种是狼，一种是羊；许多羊和一小部分狼生活在一起的。狼要杀人，狼就叫羊去行凶、去谋杀，羊就照办。不是因为羊喜欢这样干，而是因为羊被狼的花言巧语所迷惑，顺从地跟着狼跑。

弗洛姆基于自己多年的精神分析临床经验认为：所有非此即彼的说法归根结底都是错误的，人有行善和作恶的潜能。行善的潜能包括爱生（热爱生命）、爱人、以及独立性，叙述为"发展综合症"。与之相反作恶的三种潜能包括爱死（恋尸癖，伤感的情绪，杀人的愿望，对暴力的崇拜）、自恋（对外部世界缺乏兴趣）和乱伦固恋（对母亲具有乱伦心理，包含渴望母亲的爱和保护，对母亲的恐惧，从而导致缺乏独立、自由和责任）。这三种最不道德，最危险的恶的潜能，弗洛姆称为"退化综合症"。对于发展综合症，这应该是一个健全人的特征，但弗洛姆表达为综合症，在他看来，极端地爱生、爱人和独立，也是一种病态的症状。对于退化综合症，弗洛姆解释为一种回归子宫的欲望，永远像胎儿婴儿那样被爱的潜意识。我们每个人都有善恶的潜在性，发展综合症和退化综合症这两种矛盾的心理潜在地存在于人身上，弗洛姆称之为"善恶同体论"。

人是具有自由意志的；在成长过程中，无论玩耍、吃喝、还是与他人相处，都会凭着自己的意志，作出这样或那样的选择和决定。若选择善，就增强了自我信心，正义感和勇气，生活就向着美好和善良迈了一步。不断地做出善的选择和决定，

人心就会变得愈来愈温和、变得爱和善。反之，若选择恶，人
心便变得愈来愈冷酷无情，渐渐地，生命中就会缺乏兴趣、理
性、勇气、独立性和责任感。弗洛姆认为一个人行善或作恶不
是单独发生的事件，而是生活中不断积累起来的每次选择的经
验。这样看来，发展综合症或退化综合症这两种心理定向潜能
不断地具体显现和展开，就成长为一个发展和进步的人，或一
个退化和回归的人。当然，这是两种极端的情况，我们大部分
人都迂回在发展与退化、进步与回归、狼性与羊性之间，这样
就构成社会中千姿百态的个体。

　　那么，面对诸多的生活、工作和社会环境，我们的自由意
志在善与恶的心理定向潜能作用下，是选择善还是恶呢？以至
于我们的行为表现是行善还是作恶？我们很多人可能会不假思
索地回答：当然是选择善。因为善良和美好是人心所向，而作
恶会受到人类社会法律的制裁，道德和舆论的指责。但如果没
有法律的制裁，没有道德和舆论的指责，我们真的会选择善良
和美好吗？我们来看看下面几个人性和心理学实验。

行为艺术《节奏0》

　　《节奏0》（Rhythm 0）是1974年当时年仅28岁的南斯拉夫
行为艺术家玛丽娜·阿布拉莫维奇[12]在意大利的那不勒斯莫拉
工作室（Studio Morra）表演的行为艺术作品。这个表演是她
11部节奏系列表演的终结作品，其目的在于探索人类的原始本
性。美丽的玛丽娜面向观众在桌子前站立不动，桌子上放着72

---

[12] 玛丽娜·阿布拉莫维奇（Marina Abramović，1946 - ）从上世纪70
年代开始从事行为艺术，被称为"行为艺术之祖母"，1997年获得威尼
斯国际艺术家大奖。

件道具，包括玫瑰、羽毛、香水、口红、蜂蜜、面包、葡萄、
葡萄酒、剪刀、手术刀、钉子、金属棒和装有一颗子弹的枪。
表演的规则是：观众可以使用任何一件物品，对她做任何他们
想做的事，玛丽娜承诺承担行为艺术表演过程中的全部责任；
时间为6小时，晚上8点至凌晨2点。

　　在场的观众们，开始还有些不知所措，有些人试着摆弄她
的身体；有人拿起玫瑰送给她；还有人试探性地用手指戳她几
下；随着表演的进程，姑娘们开始像摆弄洋娃娃一样摆弄她；
接着，有人用口红在她的脸上乱涂乱画；有人用剪刀剪开她的

衣服，在她身体上作画；有人浇水在她头上；有人强吻她；还有人用刀划破了她的皮肤模仿吸血鬼开始吸她的血；有人用立时得相机拍下她裸露的上身，并让她将照片拿在手上；…。随着时间推移，观众发现无论如何摆布，玛莉娜都不作任何反应，两个男人将上了膛的手枪让她握在手上顶住她的头部，这时观众中有人觉得这样太过分了，站出来阻止。表演结束时，玛莉娜已经千疮百孔，伤痕累累，眼睛里流下绝望而恐惧的泪水。当她缓缓走向观众，他们惊慌失措，纷纷离开，他们无法面对一个活生生的玛莉娜。事后玛莉娜说："如果将全部主权交给观众，他们将会杀了你。"（If you leave it up to the audience, they can kill you.）

一个仅仅6小时的艺术表演，就向人们证明了当人们行事可以不必为后果承担责任时，没有社会法律的制裁，没有道德的约束和没有舆论的指责时，他们的行为就会变得无所顾及，肆无忌惮。一个仅仅6小时的艺术表演，就将人性的黑暗面暴露无遗。

斯坦福监狱实验

斯坦福监狱实验是1971年夏天斯坦福大学心理学教授菲利普·津巴多[13]设计的一个心理学实验，其目的是为了探究社会环境对人的行为究竟会产生何种程度的影响，以及社会制度能以何种方式控制个体行为，主宰个体人格、价值观念和信念。

---

[13] 菲利普·津巴多（Philip George Zimbardo，1933 - ）斯坦福大学心理学教授，《心理学与生活》、《津巴多普通心理学》等多本著名教材的作者，津巴多曾任美国心理学会主席，主持美国公共电视网（PBS-TV）的"探索心理学"系列节目，获美国心理学会希尔加德（Ernest R.Hilgard)普通心理学终身成就奖。

津巴多教授首先将当时斯坦福大学心理学系地下室改建成一个模拟监狱。然后，在当地报纸上刊登了一个小广告，征集男性大学生志愿者参与监狱生活的心理研究，报酬是每天15美元，从8月14日开始为期1-2周。1971年的15美元相当于2018年的93美元，丰惠的报酬吸引了70名大学生应征报名，在接受面试和一系列医学和心理测试后，其中24名被认为身体健康、心理正常、情绪稳定、遵纪守法的年轻大学生入选。他们被随机分成三组：9名囚犯，9名监狱看守，6名候补。饰演囚犯的志愿者被告知，他们可能会被剥夺公民权利；只能得到最低限度的

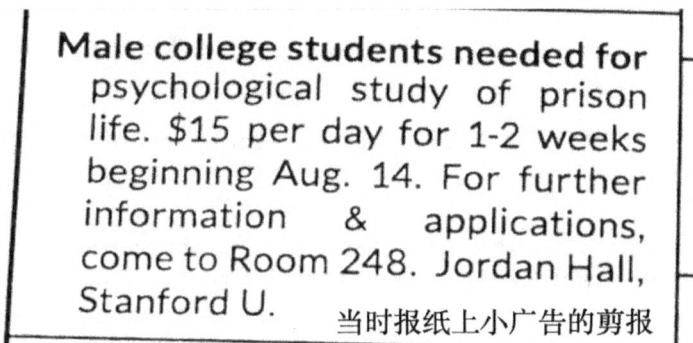

> **Male college students needed for** psychological study of prison life. $15 per day for 1-2 weeks beginning Aug. 14. For further information & applications, come to Room 248. Jordan Hall, Stanford U.

当时报纸上小广告的剪报

饮食和医学护理；并且在8月14日那个周日等在家里。在那一天，令他们感到吃惊的是，真的警察破门而入，宣读逮捕令，他们被搜身、扣上手铐、押上警车；到达模拟监狱后，衣服被剥光、浑身被喷上消毒剂、穿上一件印有身份号码的囚服，戴上脚镣，开始了被囚禁的生活。而饰演看守的志愿者们身着笔挺帅气的制服，胸前挂着口哨，腰里别着警棍和手铐，他们的职责是维持监狱的秩序，可以给囚犯们制造无聊、制造烦躁感、在某种程度上让他们感到恐惧，使他们没有任何隐私，没有行动自由，不能做任何、说任何不允许的事情，总之是尽可

能贴近真实的监狱环境，但不能使用暴力维持监狱秩序，也不能对囚犯实施肉体上的虐待。

很快，这些年轻的志愿者就各自进入了自己被指定扮演的角色，看守逐渐表现出虐待狂病态人格，变成残暴的狱卒；而囚犯表现出极端的被动和沮丧，变成精神崩溃的犯人，有的囚犯因无法忍受而退出实验，有的囚犯出现情绪激动、思维混乱的应激症状和严重的歇斯底里症状。当实验进行到第6天，囚犯在看守手下忍受着惨无人道的虐待，最后局面完全失控。当看守强迫两个囚犯模仿动物交配时，站在监控屏幕前的津巴多教授终于忍无可忍，宣布实验提前9天结束!

不到一周时间的实验，9名身心健康、遵纪守法、没有犯罪前科，具有大学文化的年轻人，变得冷酷无情，惨无人道的虐待狂。到底什么原因呢？津巴多教授认为人因着手中的权力和自己的社会角色会变成残暴的野兽，"好人"会变成"坏人"。这种变化津巴多教授称之为"路西法效应"。路西法（Lucifer）在《圣经》中描写的是上帝最宠爱的天使长，因着自己的美丽、手中的权力和在天庭中的地位，而堕落成魔鬼撒但（Satan）。在不到一周时间里，在人性的善恶之争中，人性中的善良是那么的脆弱，那么地不堪一击，而败下阵来。用津巴多教授的话说："这项囚禁体验，让人将一生所学弃如敝屣；人性价值被摒弃，自我认知受到挑战，人性中最丑陋、最底层、最病态的一面浮出水面。"

这个很小的心理学实验得到了社会的高度关注。1971年11月26日NBC电视台做了一个专题节目；1973年《时代》杂志对该实验进行了大篇幅的报道。该实验还先后多次被改编成电影或纪录片，如《沉默的愤怒：斯坦福监狱实验》（Quiet Rage:

The Stanford Prison Experiment，美国纪录片，1992）；《死亡实验》（Das Experiment，德国电影，2001）；《叛狱风云》（The Experiment，美国电影，2010）；《斯坦福监狱实验》（Stanford Prison Experiment，美国电影，2015）。

　　斯坦福监狱实验虽然在心理学界一直存在争议和质疑，但至今实验结论并不能推翻。而实验结论使得心理学界和社会科学界重新审视以往对于人性的天真看法。津巴多教授在他的《路西法效应：好人是怎样变成恶魔的》[14]一书中详尽地记述了斯坦福监狱实验的经过，深度剖析复杂的人性，透彻解释社会环境和情境力量对个人行为的影响，天使会堕落成魔鬼，"好人"会变成"坏人"。

寓言小说《蝇王》

　　《蝇王》是威廉·戈尔丁[15]在1954年创作的寓言题材小说，讲述了一群6至12岁的男孩子被困在荒岛上的故事。在一个没有成人的引导的环境下，起初孩子们建立起一个文明体系，但很快由于人内心的黑暗，导致这个文明体系被野蛮与暴力所代替。

---

[14] 《路西法效应：好人是怎样变成恶魔的》读书·新知三联书店出版，2010，英文原著：The Lucifer Effect: Understanding How Good People Turn Evil，Random House出版，2007。书中谈到的情境力量是著名的米尔格拉姆服从试验的一个内容，研究发现环境条件对个人行为的影响相比其个人性格的影响相同或更大。
[15] 威廉·戈尔丁爵士（Sir William Golding，1911 - 1993），英国小说家及诗人，1983年获诺贝尔文学奖，《蝇王》（Lord of the Flies）是他的代表作。

　　故事开始是这群英国男孩子因为逃避战争乘飞机去澳大利亚，但不幸的是飞机被敌人击落，他们来到一个荒岛。《蝇王》的主角之一，雷尔夫，12岁，是英国海军司令的儿子，他是一个优雅举止，乐观自信的人。通过民主选举为孩子们的领袖，带领这群孩子搭帐篷，采野果，点起篝火等待求援。在这个与世隔绝的小岛上，起初孩子们过着安宁和谐的生活。雷尔夫代表了善良、理智和文明。主角之二，杰克是一个声乐队的队长，起初并不具煽动性和暴力趋向，但是随着时间推移，慢慢显露出人类本性中最卑鄙的成份。杰克激化这个文明体系中的情绪，推动内讧，建立野人阵营，自立为王，虐待其他的伙伴，抢夺、直至杀人。杰克代表了贪婪、邪恶和野蛮，是在无约束和原始环境中，人性恶的最极端表现。在小说的结尾，杰克带领野人阵营的孩子们追杀雷尔夫，作者表达了野蛮战胜文明、暴力战胜民主，邪恶战胜良善的潜台词。

　　蝇王即苍蝇之王是杰克砍下的野猪头，被棍子插着竖立在地上，散发出阵阵恶臭，让人感到十分恶心又十分恐怖。无数的苍蝇围着猪头叮咬，整个猪头满是苍蝇，因而小说取名蝇王。在西方文学中，蝇王是污秽物之首，也是丑恶灵魂的同义词，象征万恶之首。苍蝇之王源于希伯来语Baalzebub，在《圣经》中是万恶之首的鬼王巴力西卜，或称为别西卜。作者通过孩子们的演变表达了蝇王这万恶之首存在于每个人的心里面。

　　你或许认为《蝇王》只是一部寓言性故事小说，并非真实发生的事件。《蝇王》在1954出版后成为畅销书，到1960年代初成为美国各大院校的必读书籍。半个世纪后，2005年《蝇王》被《时代杂志》评为1923-2005年时代杂志百大英文小说，在20世纪百大英文小说（Modern Library 100 Best Novels）排行榜上，分别在编者榜上名列第41名，在读者榜上名列第25名。作者威廉·戈尔丁也因《蝇王》获得1983年诺贝尔文学奖。小说中，作者用一个没有人类文明，没有人类社会约束，没有法律的荒岛为试验场，推演了一群乳臭未干、涉世未深的孩子们从文明到野蛮的脱变，从善良到邪恶的堕落，揭露了人心的幽暗。《蝇王》在人们心中引起的共鸣恰恰就是戈尔丁以真实人类这个试验场揭露人性丑陋的结论。

纽约市，1977年7月13日晚

如果说玛丽娜·阿布拉莫维奇的《节奏 0》是一场行为艺术表演；菲利普·津巴多教授的斯坦福监狱实验是一个心理学实验；而威廉·戈尔丁的《蝇王》只是一部寓言小说；这些都不足以说明人性丑陋的普遍性，那么，我们来看看，在人类历史中，在真实的社会中，比《节奏0》、斯坦福监狱实验和《蝇王》更为真实的丑陋人性剧场，那就是1977年7月13日晚发生在美国纽约市的全城大停电。晚上8点40分左右一条悬挂在哈德逊河上345千伏的输电电缆遭到了严重雷击，负责电力供应的联合爱迪生公司启动了一系列的紧急措施，但均告失败，晚上9点27分，伴随着发电机Big Allis的停机，纽约市整座城市陷入了一片黑暗之中。

在漆黑的夜里，这座繁华都市的人们谱写了一场独特的黑暗之夜百老汇真人"狂欢"秀。百老汇附近有134家商店被洗劫一空，其中45家被纵火烧毁；布朗克斯区（The Bronx）一家通用汽车公司经销店内的50辆庞蒂亚克汽车被偷走；布鲁克林区的皇冠高地（Crown Heights）5个街区内有多达75家商店遭到抢劫和破坏；… 。事后统计整个纽约市当晚一共有1616家商店在

《纽约时报》1977年7月14日头版头条：纽约电力故障导致大停电，数千人被困在地铁中，多个地区遭抢劫和破坏。

黑暗中被抢劫、或破坏；火警1037起；逮捕3776人；实际参与但逃离现场的盗窃、抢劫、破坏等犯罪的总人数显然更多。

　　一场大停电，滋生的几千例犯罪；短短几个小时，一个繁华的都市就变得满目疮痍，遍地狼藉；一个黑夜，人性可以达到的邪恶程度远超乎人类自己的想象。

人心比万物都诡诈

　　前文提到的保罗·布卢姆的著作《善恶之源》，他引用英国近代重要思想家托马斯·霍布斯[16]的话说："自然状态中的人

---

[16] 托马斯·霍布斯（Thomas Hobbes）1588 - 1678年，是英国的政治哲学家。他于1651年出版《利维坦》（Leviathan）一书，为之后所有的西方政治哲学发展奠定根基。霍布斯认为人性的行为都是出于自私（self-centred）的。

类其实是既邪恶又自私的。"这也如公元前300年古希腊哲学家亚里士多德在谈到人是什么时说的："人，在最完美的时候是动物中的佼佼者，但是，当与法律、正义和道德隔绝以后，便是动物中最坏的东西。他在动物中就是最不神圣的，最野蛮的。"

《圣经》旧约耶利米书写于公元前600年左右，第17章9节说：人心比万物都诡诈，坏到极处，谁能识透呢？《圣经》新约马可福音第7章20-23节说，从人里面出来的，那才能污秽人，因为从里面，就是从人心里发出恶念、苟合、偷盗、凶杀、奸淫、贪婪、邪恶、诡诈、淫荡、嫉妒、谤渎、骄傲、狂妄。这一切的恶都是从里面出来，且能污秽人。人们一般认为被律法定罪的，在监狱里的囚犯是污秽的人，但圣经上讲的是全人类，我们所有人，不管身居高位还是在低位，富有还是贫穷，年老或年幼，博士还是文盲，我们每个人都是污秽的，都是诡诈。以色列历史上伟大的君王大卫在公元前10世纪统一了以色列12个部族并定立了以色列国的疆界。在犹太史书和《圣经》旧约撒母耳记中都记载了他的历史，他是正义的君主，是一位专心倚靠上帝的人，是勇敢的战士、音乐家和诗人。在《圣经》中说他是唯一的一个合上帝心意的人。然而在他晚年，与有夫之妇拔示巴同房，然后借刀杀人在战场上谋杀了其夫乌利亚，将拔示巴据为己有，他以为可以瞒天过海。这样一个正义的君主，一个合上帝心意的人，因着手中的权力就为所欲为，干起了苟合、奸淫、贪婪、邪恶、诡诈、凶杀的勾当。须不知"人在做，天在看。"不久上帝宣告了他的罪行，并实行了惩罚。

人的恶念如同一颗邪恶的种子，埋藏在我们所有人的心里。我们都知道什么样的种子，长成什么样的树，就会结什么样的果子。好树结好果子，坏树结坏果子；没有好树结坏果子，也没有坏树结好果子。要将在我们里面那颗邪恶的种子完全隐藏起来，而不结出恶的果子是不可能的。虽然，人的社会地位会发生改变，人生活的环境会发生改变，人的言行也会跟着改变，这是津巴多教授称之为的"情境力量"和"路西法效应"，但，外因终归是变化的条件，内因才是变化的根据。我们可以把人的坏行为、罪恶的表现归咎于坏榜样、坏朋友，归咎于外在的诱惑，归咎于人的生长环境，归咎于黑暗，但思想是言行之母，我们内心的恶念是污秽罪恶行为的起头。中国有句古话说：学好三年，学坏三天。这说明人性本质中恶的因素要多于善的因素，人作恶的能力胜过人行善的能力。《圣经》新约罗马书也说：在我们里面有两律，善的律和恶的律，时常在交战。我们可以立志行善，做好人，做好事，但往往我们行出来的是恶，干的是坏事。这个恶的律把我们人给掳掠过去，使我们所愿意的善反不做；所不愿意的恶倒去做。圣经在这里发出感叹：**我真是苦啊！**

人啊，人，在这善恶之争中，怎样使自己的内在善的意识能够胜过恶的意识，怎样使自己的内心的善良与自己外在的善行达到和谐，又怎样使自己与周围的人和事物达到和谐，维持良好的人际关系，从而实现自己的幸福人生呢？

第 3 章 生命与意识

我们自己既是斧头也是雕塑，既是征服者也是被征服者。一个真正持续不断的"自我征服"在个体身上得到了淋漓尽致的展现。

— 埃尔温·薛定谔

横看成岭侧成峰，远近高低各不同。不识庐山真面目，只缘身在此山中。

— 《题西林壁》苏东坡

　　上一章我们看到人类是带着自私的本能和一定分辨善恶的道德意识来到这个世界；在一个人一生中，本能的自我欲望以及善念和恶念的意识在生命中进行着持续的斗争和较量，然而人作恶的能力胜过了人行善的能力。我们知道一个人的高矮和胖瘦多少和父母有关，一个人的面部长像，如眼睛、鼻子、面部轮廓，或多或少可以看出父母的影子，这种亲代传递给子代个体之间的相似性现象称为遗传（heredity）。我们人类自私的本能这一点比较好理解，这是动物为了生存和繁衍的需要，但善恶意识从何而来呢？从善恶意识引申的道德意识从何而来呢？是否是人类一代一代遗传和继承的呢？或者在我们人体这个物质性的身体构成中，意识如同计算机硬件中安装的操作系统，道德意识如同一个华丽界面的计算机应用软件，插入了淫乱、贪婪和破坏的病毒功能，使得在我们内心深处的善良意识被扼杀。这在我们生命里善与恶的争战正如诺贝尔奖获得者埃尔温·薛定谔[1]在《意识和物质》中谈到的："因此对于我们而言，我们自己既是斧头也是雕塑，既是征服者也是被征服者。一个真正持续不断的自我征服在个体身上得到了淋漓尽致的展现。"为何会这样呢？要回答关于善与恶之争的道德意识问题，首先不可避免要面对意识的载体，身体生命这个的问题。

　　生命是什么？听到这个问题，我们大多数人脑海里会呈现的一个字"活"，是的，活动的物体表示生命的存在，绿油油的小草、盛开的花朵、随四季变化的树木表达着植物的生命；路边蠕动的蚯蚓、空中飞来飞去的蜜蜂、小鸟，水中游动的鱼，还有在脚边转来转去的小狗表达着动物的生命。当然并非所有

---

[1] 埃尔温·薛定谔（Erwin Schrödinger，1887 - 1961）奥地利物理学家，量子力学奠基人之一，1933年获诺贝尔物理学奖。

活动的物体都表示生命的存在，如旗杆上随风飘动的旗帜，无人驾驶的飞机，自动驾驶的汽车，这些物体显然没有生命的迹象，不是生命体。日常生活中，人们还是可以很容易地区分生命体与非生命体，如树干与旗杆，宠物狗与Aibo（日本索尼电子公司出品的机器小狗）。

生物学对生命的解释

生物学对生命的定义是：生命是生物体所表现的新陈代谢，生长发育，可繁殖产生新生命和对刺激作出反应的物质系统。这样、肉眼看到宏观的动物和植物是生命，显微镜下微观的细菌和单细胞也是生命。显然这个答案只是说明了生物体的生命特征和生命现象，没有表述生命的实质，因为，动物和植物的生命显然是不同的，有意识的生命体与单细胞也是不同的。另外，病毒（virus）也具有生命体的生命特征，但它的存在是非细胞的形态，只能归类为介于生命体及非生命体之间的有机物种。对于世界上如此复杂而又丰富多彩的生命现象确实很难用简单的概括来定义什么是生命。我们人在生命中找生命的答案，能找到一个全面而准确答案吗？我们来看看生物学之外其它几个学科对生命的定义和解释。

物理学对生命的解释

1944年物理学家埃尔温·薛定谔写了一本通俗科普作品《生命是什么》，该书称为20世纪的科学经典著作之一。在书中，薛定谔对生命的定义是：

生命以负熵为生，这就好比生命有机体借助于外界的负熵来消除它体内的正熵的增加量。由于这种正熵是在生活中所产生的，因而它是不可避免的。生命有机体就是通过这样的方式来保持自身在一个稳定的水平上。

在热力学中，表征物质状态混乱程度的参量之一是熵。物质状态越无序，熵越大；而负熵就是物质呈现有序状态。热力学第二定律准确地给出了一个系统有序或无序与熵的关系：任何一种宏观有秩序的系统，总是朝着微观无序变化运作，也就是熵值增加的方向，这是一种自然的倾向，并且在没有外部能量的作用下，这个过程是不可逆的。如，把盐放进一杯水里，盐会溶解到水中，这杯水变成盐水；在这个过程中，盐中有序的氯化钠分子将溶解到杯中的水分子中，盐水的混乱度比盐和水的混乱度要高，熵也随之增大。

生命系统似乎不符合热力学第二定律，生命总是有条不紊的存在并繁殖，维持着自身高度稳定的状态，也就是熵的稳定。薛定谔对此提出了负熵的概念，生命体为了避免变成混乱和无序的状态，生命体处于一个开放状态下，不断地从环境中汲取"负熵"，如摄入物质状态极为有序的食物，这种"新陈代谢"使得生命体消除了其自身活着所产生的正熵。一旦停止摄入食物，负熵的增加趋近于零，生命将趋向于热力学平衡，而平衡就意味着生命的终结死亡。

这里有两个问题，第一，食物，如谷类，其物质状态极为有序的低熵值并非源自于环境中汲取的"负熵"，而是从完全混乱状态的高熵值的土壤中获取养分而生长。第二，生命体是否可以持续不断地从环境中汲取"负熵"，抵消自身活着所产生的正熵，而维持生命体的永远存活呢？显然是不行的，生命体自身有其生长、发育、衰老的规律。采用经典物理学定律解释生命的物理学本质，有其应用的局限性，"负熵"的生命概念并没有得到主流科学的认同。但在该书中薛定谔前瞻性地提出："生命的本质就是信息。"这一经典的阐述为后来的分子生物学诞生和DNA双螺旋结构的发现奠定了基础。

另一个在物理学层面上探讨生命的理论是耗散结构（dissipative structure）。耗散结构可概括为：一个远离热力学平衡的开放系统，在系统的自然演化、外界的干预或这两者的共同作用下，通过不断与外界交换物质或能量，系统可能由原本的混沌无序的状态，自组织而转变为一种稳定有序的状态。这种在不断消耗外界的物质或能量来维持非平衡态下的有序结构，就称之为耗散结构。耗散结构理论是比利时科学家伊利亚·普里高津[2]创立，由于这一重大贡献，他荣获1977年诺贝尔化学奖。

生命体确实是一个耗散结构的开放系统，通过新陈代谢，与外界有能量和物质的转换，维持着自身稳定有序的结构状态。如果这个稳定的状态被打破，就会导致衰变和死亡。因此，生命成为物理学耗散结构理论的应用对象就显得是顺理成章，这不仅表现在宏观的动植物的生命上，就是微观的细胞生命也是如此。

但生命体与物理和化学意义上的耗散结构不同，生命体由自组织而形成的有序结构，是按照内在某种机制规定，各个部件各尽其责而又协调地、自动地形成；而且这个内在的机制规定了生命体的衰老和死亡；生命体不可能永远维持自身稳定有序的结构状态。我们现在知道生命体这个内在的机制都包含在

---

[2] 伊利亚·罗曼诺维奇·普里高津（Ilya Prigogine，1917 - 2003年），比利时化学家、物理学家，1977年诺贝尔化学奖获得者，非平衡态统计物理与耗散结构理论奠基人。

生命的基本单位细胞的核酸中，也就是DNA中。在上一章中我们知道DNA是由化学元素构成的，我们很自然地会问，化学给以给出生命的答案吗？

化学对生命的解释

分析生命体的物质成分，生命组成的物质基础是各种化学元素，包括必需的元素：碳、氢、氧、氮；大量的元素：磷、硫、钾、钙、镁等；和微量元素：铁、锰，锌，铜，硼，钼等。人体93%是由碳、氢、氧这3个元素构成。生命的基本单位细胞是由遗传信息的携带者核酸，生命活动的主要承担者蛋白质，还有无机盐和水构成；而其中核酸和蛋白质都是由碳、氢、氧、氮，这4个必需的元素构成。

但单单从生命体的化学物质构成并不能描述生命的本质。上面谈到物质是否有生命，可以用"活"来描述，我们就用活人与死人来看这个问题。活人与刚刚死去的人从物质的角度看没有什么不同，活人身上有的元素，死人身上也都有，只可能元素的排列组合发生了变化。活人与死人的区别，在于活人可以自主或非自主活动，死人没有活动。这样的活动，包括生理活动，心理活动和肢体活动，是物质有生命的主要特征。进一步说，一切生命体的活动都可归结为体内细胞的化学活动，也即化学反应。每个细胞就是一个反应堆，在各种酶（催化剂）的作用下进行着各种化学反应，导致身体内部产生各种生理反应，如心跳、体温与血压的升高或降低、肌肉紧张或松弛等。这样，从化学的角度看生命，生命确实是一堆化学元素在进行各种化学和生物化学反应，当化学反应停止了，生命也就死亡了。

无论是化学反应的解释、耗散结构的解释、薛定谔的生命负熵的解释、或生物学对生命的定义，这些只是解释或说明了生命体存在的一种现象、或一种物理学层面的特征、或一种化学层面的表象，我们没有理由说这些现象、特征和表象是生命的唯一存在方式，这些解释对我们认识生命具有一定的意义和帮助，但局限性也是显然。这样的解释本质上只不过是高度概括式地描述了生命的现象，并没有涉及到生命的本质，也就没有给出生命到底是什么。

现代生命科学对生命的解释

薛定谔提出生命的本质就是信息这一概念给予生物学以革命性的契机，促成了后来DNA双螺旋结构的发现，揭示了遗传基因信息的传递这个生命之谜；由此也开启了生物化学、分子生物学、基因组学、蛋白组学、生物信息学等等现代生命科学。

现代生命科学中一个重要的概念是基因。中文的基因两字源自英文gene字的发音，gene这个英文字是丹麦遗传学家约翰森[3]在1909年根据希腊语"给予生命"之意首次提出。基因是指控制生物的形态、结构和生理生化等生命特征最基本的遗传物质。

基因是双股螺旋DNA长链分子中具有遗传功能的片段，不同的片段含有不同的遗传信息，分别调控不同的蛋白编码特征表达，例如，玫瑰花的颜色是由其色素基因位点所决定；上一章谈到人类眼睛虹膜的颜色有褐色、蓝色和绿色，也是由多个

---

[3] 威廉·约翰森（Wihelm Ludwig Johnannsen, 1857 - 1927），丹麦植物学家、植物生理学家、遗传学家，曾任哥本哈根大学校长。

基因片段决定的。地球上约有的870万种物种都是通过DNA来维持其生命的特征和完成其生命的遗传延续。

对于基因和DNA分子与生命体的关系，我们可以打一个简单的比喻，将一个动物或植物比喻为一台计算机，计算机的操作系统程序就是动物或植物的DNA长链。计算机的操作系统程序编码在芯片里面由0和1组成，而DNA长链分子在细胞里面由碱基序列，也就是腺嘌呤（A）、胸腺嘧啶（T）、胞嘧啶（C）与鸟嘌呤的（G）排列，简单地用ATCG这4个字母组成。操作系统程序中的子程序可以看成是动物或植物的染色体，染色体主要由DNA和5种被称为组蛋白的蛋白质构成，是基因的主要载体。不同的物种，染色体的数目不同，如果苍蝇具有4对染色体、水稻具有12对、澳大利亚的杰克跳蚁（Myrmecia pilosula）只有1对，人类有23对染色体。染色体的数目可以视为计算机子程序的数目，而子程序中的各类子集和函数就可以看为染色体所承载的基因。各类子集和函数完成特定的操作功能和特征显示，同样，基因也控制着组织蛋白质的表达，也就控制着动物或植物的生物功能和特征表达。

一般来说，同一生物体中的每个细胞体都含有相同的基因，但并不是每个细胞中的所有基因携带的遗传信息都会被表现出来。在基因组和表达蛋白质之间还有另外一个序列，RNA（核糖核酸）。基因组表达产生蛋白质首先在聚合酶的作用下形成一条与DNA碱基序列互补的RNA，称为mRNA（messeger RNA，信使核糖核酸），随后mRNA产生氨基酸序列，氨基酸序列经过一系列的加工形成蛋白质。可以用一个比喻来说明RNA的作用：一个自动化工厂，其产品是各种蛋白质，每种蛋白质的制造说明书是用DNA语言编写的基因组，自动化机器不能读懂DNA语言编写的说明书，因此需要用另一种语言将这段基因组翻译成自动化机器可以读的机器语言，这就是RNA。RNA也是由4种碱基组成，分别是：腺嘌呤（A），鸟嘌呤（G），尿嘧啶（U），胞嘧啶（C），简写为4个字母，ACGU。RNA用3个字母组成一个单词，这样总共有64个单词，这就是说我们通常说的遗传密码。遗传密码组成规则是由起始密码子开始，最常见的起始密码子为AUG，以UAA、UAG和UGA为终止，中间的单词就分别表示了不同的氨基酸。遗传密码是20世纪一项伟大的发现，三名生物科学家在1968年分享了遗传密码发现的诺贝尔生理学或医学奖。最让人疑惑不解的是地球上几乎所有的生物都使用同样的遗传密码，制造20种不同氨基酸，合成蛋白质，构成生命体。

克雷格·文特尔[4] 在2016的科学杂志发表了标题为："最小的细菌基因组的设计和合成"的文章[5]，这是他20年追求设计生命的一个里程碑。之前在2010年，文特尔的团队在科学杂志就声称人工合成了丝状支原体（一种具有很小基因组的细菌，Mycoplasma）的基因组，这个基因组具有901个基因，并将其移植到一个剔除了遗传密码的细胞（山羊支原体）中，从而实现了合成基因组控制的、可自我复制的新细胞；文特尔称之为

[4] 克雷格·文特尔（J. Craig Venter，1946 -）美国著名生物学家及企业家；克雷格·文特尔研究所（J. Craig Venter Institute）和合成基因组公司（Synthetic Genomics）创始人；时代杂志在2007年将他选为世界上最有影响力的人之一。
[5] 2016年3月25日Science杂志，Design and synthesis of a minimal bacterial genome （最小的细菌基因组的设计和合成）。

JCVI-Syn1.0（合成生命1.0）[6]。为了证明这是人造生命，研究人员在合成基因上留下了水印，将46名科学家和研究人员的姓名、克雷格·文特尔研究所的名称、以及一些书籍和科学家的名句转换成DNA的四个字母G，A，T，C构成基因序列，如：

克雷格·文特尔的基因序列为：TTAACTAGCTAATGTCGTGCAATTGGAGTAGAGAACACAGAACGATTAACTAGCTAA

文特尔研究所（VENTER INSTITUTE）的基因序列为: TTAACTAGCTAAGTAGAAAACACCGAACGAATTAATTCTACGATTACCGTGACTGAGTTAACTAGCTAA

其实，JCVI-Syn1.0的基因组是在原丝状支原体的基因组中加入了一些水印，并不是完全设计的生命细胞和基因。在2016年的报道中，文特尔去掉JCVI-Syn1.0中一些不太重要的基因，将基因组瘦身到473个基因（531,490个碱基对）。这个升级版称为JCVI-Syn3.0（合成生命3.0）。在必需营养支持下，JCVI-Syn 3.0细胞具有生命体的特征，能制造蛋白质、复制其DNA，并制造出细胞膜。文特尔将其命名为辛西娅（Synthia，意为人造儿）。文特尔表示：辛西娅是由一个人工合成基因组构成的第一个人工合成的细胞，也是第一种以计算机为父母，可以自我复制的生物。一些媒体报刊使用"合成新生命体"的标题对这个成果进行了报道，并称文特尔在扮演上帝的角色 — 人造生命之父。当然，这有点言过其实，严格意义上来说，文特尔并不是完全创造生命，他所采用的合成基因组和山羊支原体，无论是原材料还是细胞生长合适的环境，都不是凭空创造的。并

---

[6] Science杂志, May 21, 2010, p. 958-9, Synthetic Genome Brings New Life to Bacterium （合成基因组为细菌带来新生命）。

且，文特尔自己也承认说在这个细胞473个编码基因组中有149个的功能是未知。也就是说，辛西娅（Synthia）只是一个带有部分人造基因组的生物体，而不是一个完全的人造生物体，同时人类对这样一个单细胞生命体的认识仍然是有限的。

无论如何，JCVI-Syn1.0和Syn3.0无疑都是划时代意义的工作，标志着人类科学技术的进步，从合成细胞的成功，人类可以看到了合成生命的曙光。文特尔将美国著名物理学家理查德·费曼[7]的一句名言转换成相应的碱基顺序加进到JCVI-Syn3.0的基因组当中：我不能创造的东西，我就无法了解。（What I cannot create, I do not understand.）文特尔的潜台词是：我能创造的东西，我是知道的。这也许是现代生命科学对生命的诠释：生命是一个被基因组控制的装置，由蛋白质和核酸等物质组成，按照DNA图纸提供的信息，组装成为的一个分子装置。保罗·戴维斯[8]在他的《生命与新物理学》书中提出了一个生命公式：

$$生命 = 物质 + 信息$$

其中的物质是生命的分子"硬件"，信息是生命的DNA"软件"。

我们暂且认为生命是由物质和信息两个部分组成，我们可以完全合理地推断两个在基因序列（信息）上和蛋白质分子结

---

[7] 理查德·费曼（Richard Philips Feynman，1918 - 1988年）物理学家，量子电动力学创始人之一，纳米技术之父，1965年诺贝尔物理学奖获得者。

[8] 保罗·查尔斯·威廉·戴维斯（Paul Charles William Davies，1946年- ）英国物理学家、美国亚利桑那州立大学教授，也是当代知名的科普作家，出版了《上帝与新物理学》，《宇宙的最后三分钟》《关于时间：爱因斯坦未完成的革命》，等多部畅销科普作品。

构（物质）上相同的生物应该是一个生命体。我们下面来看看生命克隆后生命的表现，进而思考生命的本质问题。

生命的克隆

克隆是英文clone的音译，是利用生物技术由无性繁殖产生与原个体具有完全相同基因组的复制生命体。1997年英国科学家宣布成功地复制了一只名叫桃莉（Dolly）的绵羊。其实桃莉早在1996年7月5日就诞生了。桃莉有三个母亲：一个提供遗传基因，一个提供卵子，一个代孕。提供遗传基因的母亲是1只怀孕的6岁白脸芬多斯母羊，科学家取出其乳房细胞，然后给乳房细胞低营养食物，让细胞处于缺乏营养的状态，一星期后，细胞停止细胞分裂，进入静止状态。提供卵子母亲是一只黑脸的苏格兰羊，科学家取出其未受精的卵细胞，去除细胞核，将先前处于静止状态的芬多斯母羊乳房细胞的细胞核植入该卵细胞中，由此构成一个与提供遗传基因母亲所具有相同遗传基因的卵细胞。此卵细胞在试管中不断分裂形成胚胎，当培养到一定程度后，科学家将其植入代孕母亲的子宫内发育，最终成功分娩。克隆羊桃莉成功的消息直到1997年2月22日才对外宣布，立刻引来媒体的广泛关注。科学杂志将桃莉的诞生评选为该年度最重要的科技突破。自克隆羊桃莉之后，全球共有23种哺乳类动物被成功克隆，其中包括牛、猫、狗、马、老鼠等。2018年1月25日，细胞（Cell）期刊以封面文章在线发表中国科学家实现了非人灵长类动物的体细胞克隆，两只克隆猴"中中"和"华华"在2017年11月27日和12月5日诞生。

近些年克隆宠物成为了一个商业项目，只要付出数万美元，就可让离世的爱犬宠猫获得重生。克隆宠物的方法和以上复制桃莉羊的方法一样，需要大约几个月的时间就可复制出与离世宠物基因完全一样的宠物。2015年英国夫妇理查·雷姆德（Richard Remde）和萝拉．雅克（Laura Jacques）支付了10万美元后复制了去世不久的拳师爱犬狄伦，他们飞到南韩迎接两只复制小狗的诞生。

我们现在来讨论这两只复制小狗的生命，两只复制小狗的遗传基因来自同一只拳师狗，排除在胚胎期基因的微小突变，两只复制的小狗在外观的形态上，内部的生理结构上和遗传基因的序列上，应该是完全相同的。从生命的本质是信息，而其物质构成是蛋白质，这样的角度看，这两只复制的小狗应该是同一个生命；但显然，我们的常理告诉我们这两只狗是两只狗的生命，当它们面对一根骨头时肯定会抢着吃，不会有你吃了就是我吃了，你饱了就是我饱了的意识。因此，虽然两只狗生命的基因信息相同，生命体的物质结构相同，但两只狗的生命是不同的，是两个生命的个体。

至此，我们谈到了生物学对生命的定义，谈到了物理学、化学和现代生命科学对生命的解释，可以说，这些定义和解释都是在描述生命具有的信息和其存在的维持特征及结构特征。对于无意识的生物，如细胞、微生物和植物，是正确的；但对于有意识的生命体，从上面谈到的克隆生命体来看，虽然两个生命体的物质结构相同，生命的遗传信息相同，个体生命还是独立的；生命对每个生命体而言不仅是生命体携带的信息和存在的特征，其本质是自我存在的意识。

　　《题西林壁》是宋代文学家苏东坡[9]游观庐山后在西林寺的墙壁上题的一首诗，它描写庐山多姿百态的风景变化，并借景说出一种人生的哲理。开头两句"横看成岭侧成峰，远近高低各不同"，这是写实描写庐山峰峦起伏的风景，而且游人在不同位置看到的风景也各不相同，可以说是移步换形、千姿万态。后两句"不识庐山真面目，只缘身在此山中"，描述了当一个人身在庐山之中，近处的峰峦挡住了视线，看到的只是庐山部分的峰岭丘壑，看不到庐山完整的全貌。这表达了人们立足点不同，观察事情的结果各有不同，结论也就带有片面性和局限性。这首诗实在也道出了当今我们人类对生命和自身的认识状态，人类是在自身的生命中来认识生命现象，显然，很难有一个全面而准确的认识。我就暂且将生命的本质理解为每个生命体的自我意识，在第6章从我们自身生命之外，从创造的角度再来深入探讨生命的本质。

自我意识

　　每个人都知道意识是怎么回事，但不知道怎样准确地描述它；科学也没有给予一个确切的定义。朱利安·杰恩斯[10]在他的著作《二分心智的崩塌：人类意识的起源》开头，提问道：

---

[9] 苏东坡的名字是苏轼（1037—1101年），字子瞻，又字和仲，号铁冠道人、东坡居士。四川省眉山市人，北宋时期文学家、书法家、画家。

[10] 朱利安·杰恩斯（Julian Jaynes，1920-1997）美国普林斯顿大学心理学家；1976年出版著作：The Origin of Consciousness in the Breakdown of the Bicameral Mind（二分心智的崩塌：人类意识的起源），Houghton Mifflin, Mariner Books出版；该书于1978年曾获美国国家图书奖提名。

"意识是自我本身，无所不包，但又什么都不是。它到底是什么？它来自哪里？它的意义何在？"

通常我们认为的意识是认知、感受、记忆、思想和行动构成的复合概念，是各种心理活动的总和，是大脑对内在自我的认知和对外在环境的反映。而自我意识指的是人和动物意识到"我"这一概念，并能区别"我"与周围事物的关系。心理学中关于自我意识的最经典实验是婴儿的点红实验，1972年由美国北卡罗来纳州大学教授阿姆斯特丹（Beulah Amsterdam）设计。实验的被试是88名6~24个月的婴儿，在婴儿没有察觉的情形下，在其鼻子上涂上一红点，然后把他们放在镜子前，由孩子的妈妈指着镜子里的影像问孩子："那是谁？"结果发现，20-24个月的婴儿会对着镜子立刻触摸自己的鼻子，认为镜子观看到的影子就是我自己。研究者认为，这是婴儿出现自我意识的自我认知的行为，是自我意识中对主体我的意识，将自身与周围环境区分开来，对自己的身体做出调整和控制。

动物也有对主体我的自我意识，其测试也是通过镜子实验。2017年11月17日在纽约大学召开的动物意识（Animal Consciousness）研讨会上，有学者报告了用镜子，交互式键盘和触摸屏对海豚和大象的动物意识研究，表明动物通过对镜子里的"我"自我组织的学习，对镜像中的自我可以逐步认识。

狗称之为人类的朋友，狗应该是与人类交流互动最多的动物。我家2004年收养了一只狗，取名Abby，是Jack Russell和Pomeranian的杂交品种。在6周大时收养到家里，但没有去做任何训化。14年与我们生活在一起，叫Abby她知道是叫她；叫她吃饭，出去散步和做一些简单的玩耍动作，她都能够正确领会意思。不知什么时间开始，在她吃完碗里的食物，她都会准确走到喂她食物的家庭成员或来访者脚前，用鼻子碰一下，似乎在表达一个谢谢。Abby与吃喝拉撒睡相关的行为可以说是动物的本能和条件反射，但她与喂食者的互动，表达的感谢行为，这是一个主动的思考和意识的活动。在2018年12月她离世的前一天，她虚弱的身体躺在客厅她的窝里，我们在她眼前走动和说话，她能感觉我们在她旁边，在她青光眼的眼框里饱含着泪水，顺着脸颊流下。现在回想起来，我们都可以感到她的意识是多么的留恋在家生活的日子和对离世多么的无奈。

意识的存在

我们每个人都可以意识到自己的意识活动，也可以判断其他人或动物或其它物体是否有意识。那么，意识在生命体中是如何存在？又是如何作用到生命体的呢？是否如同科幻电影设计一个读心器读出人和动物的意识活动呢？是否如同克里斯托夫·科赫[11]所认为的用电磁脉冲扫描大脑，同时测量其脑电活动（EEG）可以确定人类意识性程度呢？[12]。

生物学和医学告诉我们，意识的生物学基础是大脑中数百亿个神经元的协同活动；常识也告诉我们意识与大脑有关，在大脑受到冲击或碰撞时人和动物都会短暂地昏迷和失去意识；人类的一些脑部疾病也表明意识可能存在于大脑。2017年克里斯托夫·科赫在美国马里兰州召开的"通过先进创新神经科技对大脑的研究"（Brain Research through Advancing Innovative

---

[11] 克里斯托夫·科赫（Christof Koch，1956 - ）著名神经科学家、美国艾伦脑科学研究所所长，兼首席科学家。
[12] 2017年11月科学美国人杂志（Scientific American）Vol. 317. 5，HOW TO MAKE A CONSCIOUSNESS METER（如何制造意识测量仪）。

Neurotechnologies）会议上，他报道了在老鼠的大脑发现三个巨大神经元跨越大脑左右两个半球，其中最大的一个缠绕在大脑的周围，像一个"荆棘王冠"。这三个神经元都源自大脑的屏状体（claustrum，位于大脑的外囊和极外囊之间的一块厚为1-2毫米的扁平形神经组织）。在克里斯托夫之前的研究中发现对屏状体施加高频率电流脉冲刺激会使意识失去，也就是说对屏状体进行电脉冲刺激，似乎能够开/关意识。因此，克里斯托夫认为屏状体可能是意识的发源处，猜测这些神经元有可能与意识的产生密切相关。

但这并不能完全推断意识是否保存在这些神经元中，也有可能这些大脑神经元只是意识的处理和传递中心，意识可能在大脑的其它部位生成或保存，也可能保存在身体的其它部位。这也就如同在电脑中央处理器（CPU）执行程序时，将硬盘存储设备保存的数据传输到随机存储器（RAM）中处理。这一种推测与远古时代西方和东方都普遍认为心脏是精神的器官，是意识的中心类似。

西方近代科学研究的前驱之一，法国著名哲学家和科学家笛卡尔[13]说了一句名言："我思故我在。" 就是说能让自己确认自己存在的就是自己的意识。在他的著作《论灵魂的激情》中，他表达了人是由物质和灵魂两种实体构成的二元论，其中物质是我们在自己身上能体验到，在无生命的物体上可以看到的东西；而灵魂是所有那些在我们身上无法归于物质身体的东西，也就是心灵或意识。他认为身体是一台精巧的机器，灵魂

---

[13] 勒内·笛卡尔（Renatus Cartesius，1596 - 1650年）法国伟大的哲学家、数学家、物理学家，西方近代哲学创始人之一。《论灵魂的激情》，商务印书馆，2013。

是神的先天赋予，二者不可混淆，但又相互作用；二者在物质身体中大脑的某一特定位置交汇相互作用，于是形成感性与理性、物质实体与精神实体的统一。

中国古代的文献也有关于意识存在的论述，在《黄帝内经·素问》[14]灵兰秘典论篇第八中，黄帝问曰：愿闻十二脏之相使，贵贱何如？岐伯对曰：悉乎哉问也。请遂言之！心者，君主之官也，神明出焉。翻译成白话就是：黄帝问道：我想听你谈一下人体六脏六腑这十二个器官的责任分工，器官的功用是怎样的呢？岐伯回答说：你问的真详细呀！请允许我说说这个问题！心是主宰全身，人的精神意识思维活动都由此而出，也是神明居住所在。在论到头时，岐伯说：头者，精明之府。也就是说大脑是处理信息、分析判断和思想的地方。

近代，澳大利亚神经生理学家约翰·艾克尔斯[15]认为大脑神经元的兴奋并不等于精神和意识的活动，人有一个独立于大脑的自觉精神，这是在胚胎期或婴儿期进入大脑的非物质思想，大脑只是它的物质工具，是自觉精神的物质载体。自觉精神附着于大脑的脑细胞上，通过神经突触互相传递信息，控制着我们的思想和行动，就象司机驾驶汽车或工人操作自动机器那样控制着大脑。

---

[14] 《黄帝内经》由《素问》和《灵枢》组成，为我国现存最早的医学典籍，大约成书于战国至西汉时期（公元前221 - 202年）。《黄帝内经·素问》，人民卫生出版社，2007.

[15] 约翰·卡鲁·埃克尔斯（John Carew Eccles，1903 - 1997年）澳大利亚神经生理学家，1963年因在突触研究方面取得进展而获得诺贝尔生理学或医学奖。著有：《神经细胞生理学》、《突触生理学》、《如何自我控制大脑》、《人体的奥秘》等著作。

这样，意识就可能不是位于大脑内，而可能是一个去中心形式分布存在于动物或人身体中。这一点与目前计算机领域的平行分布式系统概念类似，一个系统由多台计算机主机组成，同时运行同一个或多个程序，同时处理一个或多个数据。如谷歌和亚马逊的服务器，其数据中心由上万台计算机组成，但对于使用者来说，我们感觉不到那么多主机的存在，我们只看到是一个系统在运作。因此，对于有意识的动物和人类，意识也可能存在于整个大脑，或者心脏、或者全身，或者存在于身体的整个神经网络中；大脑只是意识的处理器官。

意识的量子理论

量子（quantum）是指一个不可分割的基本粒子，是能表现出某物质或物理量特性的最小单元，如光子，电子。自上世纪开始方兴未艾的量子理论在生物系统中发现了许多应用，如，光合作用中，植物将太阳能光子转化为供其存活和生长的化学与生物能源就是一种量子效应（quantum effect）；候鸟和蜜蜂利用地球的磁场确认方向是其体内有一种磁感应量子罗盘（quantum compass）；还有酵素的活性，嗅觉，DNA复制和突变等等。2015年量子物理学家和科普作家吉姆.艾尔.卡利里（Jim Al-Khalili）和分子遗传学家约翰乔伊.麦克法登（Johnjoe McFadden）联手出版了《解开生命之谜：运用量子生物学，揭开生命起源与真相的前卫科学》[16]。书中提出许多实例，指出量子力学确实可以用来理解一些有趣的生物现象，而且比许多其他理论的更准确。

---

[16] 英文《Life on the Edge: The Coming of Age of Quantum Biology》Broadway Books出版，中文译本，三采文化股份有限公司，2016.

量子理论研究也将人类对意识的认识推到了量子层面。上面我们提到意识的活动与大脑神经元的活动有关，而大脑神经元的活动伴随着大脑神经元突触膜电位的活动，因此用量子物理学的方法来研究意识的活动从而揭开意识之谜也许是一个方向。英国剑桥大学数学系教授彭罗斯（Roger Penrose）和美国美国亚利桑那大学麻醉学和心理学教授斯图亚特·哈梅洛夫（Stuart Hameroff）在上世纪90年代共同提出了一种量子意识模型，称为编制的客观还原模型（Orchestrated Objective Reduction Model，简称Orch-OR模型）。彭罗斯和哈梅罗夫认为，在人的大脑神经元里有一种由神经丝和微管（microtubule）组成的细胞骨架(cytoskeleton)蛋白，这是意识在量子水平的生理基础。而所谓的"编制"是表示在微管中"精心编制"了量子计算；而"客观还原"是说意识起始于叠加态，由于意识的自我坍塌（self-collapse）使得多重世界还原为一个确定的具体意识事件，一系列的客观还原事件就导致了我们所称之为的意识流。在坍塌的那一时刻，微管中就产生了意识瞬间，而连续不断的意识瞬间则汇集成了我们所称之为的意识流（stream of consciousness）。Orch-OR模型非几句话可以说清楚，有兴趣的读者可以参阅他们的著作《意识与宇宙：量子物理，进化，大脑与心灵》[17]。

马修·费舍尔（Matthew P.A. Fisher），加利福尼亚大学圣巴巴拉分校的物理学家，在2015年《物理年鉴》（Annals of Physics）上发表了一篇题为：量子认知：在大脑中处理核自旋

---

[17] 《Consciousness and the Universe: Quantum Physics, Evolution, Brain & Mind》，Cosmology Science Publishers，2011

的可能性[18]的论文。在这篇论文中，他提出磷原子的核自旋可以作为大脑中基本的量子比特（qubits，量子信息的基本计量单位，可以以"又0又1"的状态存在）的假设，大脑的工作原理很有可能与量子计算机一致，量子效应就可能在人类意识中起一定作用。

量子理论告诉我们，意识是以量子的形式存在，那么也可以通过量子隐性传输的形式来传递。如果该理论得到实验的证实，我们完全可以推测意识以某种方式连接到我们的身体，传导到大脑神经元，在大脑神经元中保存并处理。这样、大脑神经元保存的意识，并与外部的意识有交互，就如同电脑通过可移动存储设备或通过网络云存储进行数据交换和存取，不断更新程序运行的数据到可移动存储设备或云端。如果实现，真正的脑机接口[19]就会成为可能，意识上传和全脑仿真就不是天方夜谭；自我意识也就可以用量子的手段复制、保存和转移。如果生命的本质是每个生命体的自我意识，那么人类渴慕的永生也就可以实现了。

量子理论还告诉我们，两个共同来源的量子之间存在一种叫量子纠缠（Quantum Entanglement）的关系，不管它们被分开多远，对其中一个量子扰动，另一个量子立即就有反应，也就是说两个量子之间的信息传输能不受时间和空间的限制进行隐性传输，这样视为量子活动的意识也就是可以传输了。人们

---

[18] 论文英文标题：Quantum cognition: The possibility of processing with nuclear spins in the brain。

[19] 脑机接口是指在人或动物大脑与外部设备之间创建的直接连接，实现大脑与设备的信息交换。目前的脑机接口还仅仅是对脑神经元活动电信号的检测，相当于准确定位的脑电图（EEG）。

常说的心灵感应也许可以用量子意识和量子纠缠得到合理的解释。心灵感应通常多发生在子女和父母之间，孪生兄弟姐妹之间，可以合理的认为，由于血缘关系，进一步到微观领域由于基因和蛋白质结构的关系，两个同源的微观粒子之间存在量子纠缠态。一旦一方发生强烈的量子意识坍缩，如生命危险，或死亡，另一方在没有其它意识活动干扰的状态下，如睡眠，冥想状态下，就会感应到这样的意识信息。

如果人类的意识确实是量子信息的状态，这个量子意识不仅存在于大脑之中，也通过纠缠而存在于别处，如这个宇宙中的某个地方，或另一个宇宙中，那么身体的死亡就不是生命的终结。人们常谈到的濒死经验，死后复生就不是个别人的生命经历，而是生命的本质没有被发现。

上面谈到了人类和动物自我意识的推测，意识与生命体的关系，简单叙述了量子理论对意识运行机制的可能解释，其中许多是当今脑科学、神经科学、人工智能领域的热门研究方向。另外还值得提一下两个解释意识互不相容的理论：全局工作空间理论（Global Workspace，简称GWT）和整合信息理论（Integrated Information，简称IIT）。前者的观点是意识是由大脑工作空间自己产生的，后者认为意识是某种具有特殊结构的认知网络的固有性质。

行文至此，我请读者思考一个问题：如果意识是大脑中神经元的活动，或进一步是神经元中量子的活动，那意识是如何产生的呢？我们肯定不能说电脑硬件通电后，芯片中的电子活动可以产生某个软件的功能。电脑软件的功能是编程所设计的，是软件的运行在芯片中产生电子活动，并在显示屏和其它人机界面上的表达。虽然AlphaGo Zero[20]具备自我学习的功能，在短短3天可以成为围棋大师，但仍需要在它的"婴儿期"植入围棋比赛规则的意识。同理，可以完全肯定地说：不是大脑神经元的活动产生意识，而是意识的活动在大脑神经元中产生相应的反应。人类有自学习的功能，人类的意识和意识的表达随着人的成长和成熟会不断提高，但最初的意识肯定不是在大脑中自然形成的，这萌芽意识是如何产生的呢？在第2章我们看到耶鲁大学布卢姆教授的婴儿和幼儿心理研究实验揭示了人类天生就拥有某些道德本能，在出母腹时就带有道德意识，那么，道德意识和意识从何而来呢？

意识与人工智能

在回答意识是如何产生之前，我想请读者看看人类创造的人工智能（Artificial Intelligence，英文缩写为AI）机器的意识。2016年以阿尔法狗（AlphaGo）为代表的人工智能在围棋大战中打败了韩国棋手李世石，2017年又轻松击败围棋世界冠军中国棋手柯洁，一时间人工智能跳出了实验室，进入社会生活的方方面面。中文歌手王力宏也借用AI的同音中文字"爱"，唱了一首《A.I. 爱》中文歌。人工智能是指可体现出智能行为的硬件、软件和机器。从学科的角度看，人工智能是研究模拟、延伸和扩展人类智能的理论和方法的一门新学科，通过深

---

[20] AlphaGo Zero是DeepMind公司研究的人工智能围棋软件。AlphaGo1.0版在2016年3月第一次人机大战中4比1击败世界冠军李世石九段，Alpha Go2.0版在2017年5月第二次人机大战中3比0胜柯洁九段。AlphaGo Zero是之后的版本，详细介绍见《Nature》（自然）550，p354－359，(2017),论文英文标题：Mastering the game of Go without human knowledge。

入研究人类智能的实质，对人类意识和思维信息的处理过程模拟，如学习、推理、思考、规划等，使智能机器能像人那样思考、思维，当然也可能具有自我意识。我们完全可以预言在一个不遥远的未来，人工智能很可能从情感、认知、精神等层面，像我们人类一样来体验这个世界。那么，意识可以通过编程实现在人工智能机器里面吗？人工智能会拥有跟人类一样的心灵和自我意识吗？

1950年，数学家和现代计算机之父艾伦·图灵（Alan Turing）在《精神》杂志上发表了一篇题为《计算机与智能》的文章，探讨了机器能否思想的问题。他提出可以用一个简单的试验来解决这一问题：多名测试人在与一个被试者和一台机器隔开的情况下，通过一些装置（如键盘）向被测试者随意提问。如果超过30%的测试人不能根据回答确认被测试者哪个是人，哪个是机器，那么这台机器就通过了测试，并被认为具有人类智能并且具有思考能力。由于对于思考很难精确地定义，图灵提出可以用一个简单的试验来解决这一问题。试验是这样的：让一个男子进入一间屋子，一个女子进入另一间屋子，一个提问者在房间外用键盘和屏幕与这一男一女进行提问，从回答判定哪一边是男子，哪一边是女子。这一男一女都要设法使提问者相信他和她是女子。这样，这名男子就是一个聪明而娴熟的说谎者。接下来用机器来取代这个男子，如果机器也能使提问者相信它是个女子，图林也就认为这机器是真能思想了。这就是著名的图灵测试和模仿游戏。60多年后，2014年6月7日是图灵逝世60周年纪念日，在英国皇家学会举行的2014图灵测试大会上，聊天程序尤金·古斯特曼[21]首次通过了图灵测试，成功地被33%的评委判定尤金·古斯特曼是一个13岁左右、真实的小孩子。这虽然只是证实了机器能思考这一个方面，但确实是"历史上最令人振奋的一刻"[22]。

　　近年的科幻电影也出了很多关于智能机器人具有意识的题材，其中，我认为2014年的《机械姬》（Ex Machina）最具代表性。电影故事的开始是男主角Caleb被挑选来到公司老板的庄园帮助老板测试一款取名为Ava的女主角人工智能机器人。这是一个不一样的图灵测试，Caleb不仅知道Ava的机器人身份，而且除了Ava的冷艳人类面容，她那金属外壳的脑部和半透明的机械骨架时时刻刻提醒Caleb和观众她是一个机器人。经过几个Caleb与Ava对话和接触的场景，Caleb相信Ava具有人类意识，对她产生了亲密的情感。影片展示了Ava不仅具有自我意识，而且具有人类的智能。她巧妙地利用她的美貌和人类的同情心，使Caleb愿意帮助她出逃。影片的结束，Ava借机器人同伴的手杀死了她的创造者公司老板，撇下了关在庄园里愿意帮助她出逃的男主角Caleb，实现了她逃出人类的禁锢获得自由的目的。影片留给我们观众的不是机器人是否可以通过图灵测试，具备自我意识和人类智慧的问题，而是没心没肺机器人的道德问题和对人类挑战的问题，这是留给我们一丝的惶恐。

_____

[21] 英文名：Eugene Goostman，形象定位为一名十三岁的乌克兰男孩，是一个人工智能聊天机器人软件，由三名俄罗斯计算机程序员开发。

[22] BBC News，2014年6月9日，Computer AI passes Turing test in world first。

在现实中，机器思考、推论、策略、认知、感受和行动等等，这些意识的各个方面都在实现和完善。人工智能的浪潮正在席卷全球，蓬勃发展。相信随着人工神经网络，机器学习，深度学习等人工智能相关研究的深入，意识各个方面内容的整合也是指日可待，机器具备自我意识也就可能只是时间问题。丹尼尔·丹尼特[23]在其著作《意识的解释》里谈到："为什么我们认为人可以有智能，而普通机器就不能呢？"他认为机器是有可能有思维和意识的，人也不过是一台有灵魂的机器而已。

生命与意识

这样看来，我们对生命由基因信息和蛋白质细胞结构组成，生命具有新陈代谢、生长发育、繁殖等生命特征的概念要彻底颠覆了。一旦智能机器具备了自我意识，由机械零件、电动机、传感器、电路板、集成电路等构成的机器也可以认为是生命体，特别是像《机器姬》中Ava一样具有人类体型和自我意识的机器人，我们人类必须如同尊重生物生命一样尊重智能机器。从物质结构上来看，生物与智能机器并没有什么本质上的区别，生物主要是由碳元素组成，而智能机器主要是由硅元素组成；从信息结构上来看，生物与智能机器也没有什么本质上的区别，生物是DNA分子的ATCG碱基序列，而智能机器是计算机程序编码的0和1数字序列；我们这些有血有肉的人类没有理由不尊重无心无肺但具备自我意识机器人。

---

23 丹尼尔·丹尼特（Daniel Clement Dennett，1942年 -）美国哲学家、作家及认知科学家，著作《意识的解释》（Consciousness Explained）Publisher: Little, Brown and Company，2017。

　　机器意识是我们人类设计并赋予的，那么，动物的意识和人类的意识从何而来呢？前文提到美国心理学家朱利安·杰恩斯在他划时代的著作《二分心智的崩塌：人类意识的起源》中将意识的起源归结为源于语言。他用两院制[24]隐喻大约3000年前人类的心智是处于类似于精神分裂，缺乏自知和自我意识的二分心智状态，左右半脑中右半脑会听见来自左半脑的指引，而这种指引被视为神的声音。杰恩斯从圣经旧约、玛雅石雕[25]和苏美尔文字[26]中找到一些论述和现象，解释随着人类社会日趋复杂，到公元前1000年左右，社会状况和生存压力，要求古代人的心智变得更加灵活和更富创造力，个体之间的交流（语言）成为必要。因此，右半脑的本能和左半脑听神声音的功能结合，二分心智崩塌，之前左半脑能够听到神的声音逐渐消失，自我意识开始渐渐被唤醒。他在书中继续用政治隐喻说：我们的国王、总统和官员过去还听着神的指示，现在只能带着对沉默神灵的宣誓而开始他们的任期。

　　杰恩斯提出的意识起源假设给当时的人们带来了震撼，也掀起了人们对意识问题的兴趣。在过去五十年里，这本著作使许多人感到困惑，也遭到了很多质疑。人类语言的产生至今仍是无法解释的奇妙现象（见第6章），杰恩斯是用一件悬而未

---

[24] 两院制是一种以两个独立运作的议会组成立法机构的政治制度。
[25] 玛雅石雕是指在墨西哥湾沿岸的拉文塔等地发现的许多巨大人头石雕；考古研究确认这些石雕是在公元前1000—500年由比玛雅文明更早的奥尔美加文明创作。
[26] 苏美尔为目前发现于美索不达米亚文明中最早的文明体系，可以追溯至公元前4500 - 2000年；苏美尔文字被认为是世界上最早的文字之一。

决的现象解释另一个悬而未决的现象，或许，杰恩斯的奇怪假
设永远无助于回答意识起源问题。

　　这样看来，我们坚持动物的意识和人类的意识产生于神经
元的活动，产生于自然进化，产生于语言文化，就显然不符合
逻辑了。

第 4 章 道德意识和良心

有两种东西，我对它们的思考越是深沉和持久，它们在我心灵中唤起的惊奇和敬畏就会日新月异，不断增长，这就是在我头上的星空与心中的道德律。

—— 伊曼努尔·康德

在深入意识起源的问题之前，我想先从我们大家都熟悉的善恶意识，来看看道德意识的起源，这样或许可以帮助我们理解意识和意识起源的问题。

早在1788年德国哲学家康德就在苦苦思考道德的问题。上面这段话是他在《实践理性批判》书中说的，并且刻在他的墓志铭上。那么，在康德头上的星空与心中的道德律为什么会在他心灵唤起惊奇和敬畏呢？并且日新月异，不断增长呢？纵观全人类，不分种族，都有敬拜的行为。敬拜是由敬畏之心产生的行为，这说明我们人人心中都有敬畏之心，在观看闪烁星光的天空，面对星空的奇妙，人里面的敬畏之心会油然而生，这是人类的共性。我们人人也会因过去某些不当的所作所为有一种悔恨交加和内疚的心理，这就是良心的控告和良心的谴责。良心是人内在的本能和潜在的道德意识。敬畏之心、道德意识或良心从何而来呢？我们先来看看在动物的行为中所呈现的道德意识。

黑猩猩的道德意识

长久以来，从进化的角度，因着黑猩猩在身体形态结构上、生理上、高级神经活动上、亲缘关系上与人类相似，人们认为人类属于灵长类动物的范畴，人类与黑猩猩拥有一个共同的灵长类祖先。黑猩猩是最接近我们人类的近亲，称为表兄弟，这个观点可能源自达尔文的进化论[1]。近年来，科学家们通过基因比较，画出了一幅人类的演化树，人类和黑猩猩(Chimpanzees)及倭黑猩猩（Pan paniscus，又称为巴诺布猿

---

[1] 《人类的由来及性选择》北京大学出版社，2012；英文原著：The Descent of Man, and Selection in Relation to Sex，1871。

(bonobos)）属于演化树上分桠的小簇，源自同一大猿祖先。科学家们推测大约是距今500-600万年前，由于生活环境日渐不同，人类逐渐直立行走，黑猩猩为了适应森林环境而演化成用四肢走路，人和黑猩猩就从祖先大猿分为两支。2005年9月1日，由来自美国、德国、以色列、意大利以及西班牙的67名科学家组成的国际科研小组（称为国际黑猩猩基因组序列和分析合作组，The Chimpanzee Sequencing and Analysis Consortium）在《自然》杂志上发表了人类与黑猩猩的基因组比较[2]。报告称黑猩猩的染色体是24对，比人类多了一对；黑猩猩的全基因组由约三十亿个碱基所构成，基因组的数目和人类的基因组很相近；对这两个基因组的DNA测序进行直接比较，发现有99%的相似程度。但这些比对仅仅针对那些当时人类已知的编码蛋白质的基因；下一章谈到人类基因组计划时会谈到没有编码蛋白质的DNA实际上参与或主导了极其复杂的遗传调控，占整个DNA测序的约80%。因为在非编码蛋白质的基因比对上存在很大的难度，科学家们只能保守估计人类与黑猩猩DNA的相似度在72%左右。无论人类与黑猩猩的基因组相似性是72%，还是99%，基因组相似性比较并不能支持人类和黑猩猩同源进化的观点，在本书后面的章节中会谈到人类和动物生命的本质和区别。

黑猩猩有道德意识吗？人们对黑猩猩的印象大多来自动物园，全身黑毛、有一定的智力、四肢灵活、半直立行走、温

---

[2] Initial sequence of the chimpanzee genome and comparison with the human genome，Nature， volume 437, pages 69 – 87，(2005)

驯、食素等等。珍·古道尔[3]从1960年开始在坦桑尼亚的贡贝河国家公园对黑猩猩进行了长达50多年野外研究，揭示了许多黑猩猩及其社群中鲜为人知的秘密。古道尔发现，黑猩猩能够制造和使用工具，将树枝折断用于从蚁巢中钓取蚂蚁，这一发现打破了以往认为的人类和动物的区别在于制造和使用工具的观点。古道尔还发现，黑猩猩社会有着严格的等级制度，每只黑猩猩有自己的社会地位，而它们为争取更高的社会地位，如部落族长，会进行明争暗斗、尔虞我诈、大打出手、甚至谋杀。这些都说明黑猩猩是具有一定智力和自我意识的动物。

　　1996年8月16日，在美国芝加哥布鲁克菲尔德动物园（Brookfield Zoo）发生的一件事就彻底改变了人类对动物道德意识的观点。当时一名三岁男童不慎掉进了五公尺多深的灵长类动物展示区，一只名叫嫔提（Binti-Jua）八岁大的雌性黑猩猩跑过去，把男童抱在怀里，轻拍他的背部安抚他，然后蹒跚地走到门口把他交给等在一旁的动物园人员。那些简单的动作被摄影机拍摄下来，感动了许多人。20年后，芝加哥论坛报仍发表文章报道此事和人们对当时情形的回忆[4]。

---

[3] 珍·古道尔（Jane Goodall，1934年 -）英国生物学家、动物行为学家、人类学家和著名动物保护人士。

[4] 文章标题为：20 years ago today: Brookfield Zoo gorilla helps boy who fell into habitat，Chicago Tribune，2016年8月16日。

　　另一位灵长类学者弗朗斯·德瓦尔[5]对黑猩猩和倭黑猩猩（巴诺布猿）的行为进行了长期且细致的观察研究。在他的著作中，不但描述了黑猩猩社会的权力结构、尔虞我诈、争权夺利、策略、联合、利权交易，还描述了巴诺布猿的温和、慈爱、随遇而安，性爱和爱好和平的性情。他谈到一个有趣的事例，在英国泰克劳斯动物园里，有一头名叫库妮的巴诺布猿，当看到一只椋鸟撞上圈养区内的玻璃晕过去后，库妮随即上前抚慰这只小鸟，小心翼翼地拉开鸟的翅膀试着帮助小鸟飞翔。从这个例子看到巴诺布猿对其它动物感同身受的同理心（共情）。德瓦尔还谈到了黑猩猩有严格的社会规范，小黑猩猩会被强迫学习，犯错会被惩罚；黑猩猩有互惠和公平的意识，懂得共情和安慰同伴；能记得那些施恩的好猿和作恶的坏蛋。可以肯定，道德意识并非是人类所独有的高尚意识，在黑猩猩社会中也能看到，只不过动物的道德意识表达是在一个或多或少较低的水平。我们思考一下动物世界，也会发现即使是豺狼虎豹也并非完全奉行腥牙血爪和弱肉强食的丛林法则，它们不会伤害自己的同类，它们只能捕食满足自己的生存需要的食物，而不能因为自己强大，肆意屠杀丛林动物。从这一点可以说动物也有一定的生命规范和行为准则意识。我们知道，在动物世界没有文字和文化传承，动物们所具备的生命规范和行为准则

---

[5] 弗朗斯·德瓦尔（Frans de Waal，1948 - ）荷兰灵长类学家和动物行为学家。主要著作有：《黑猩猩政治学：如何竞逐权与色？》（Chimpanzee Politics, Power and Sex among Apes, 1982），《猿形毕露：从猩猩看人类的权力、暴力、爱与性》（Our Inner Ape: A Leading Primatologist Explains Why We Are Who We Are，2007），《共情时代》（The Age of Empathy: Nature's Lessons for a Kinder Society，2009）

必定是生命以生俱来的本性，以维持物种内部，物种和物种之间，以及整个动物界的物种稳定、和平和繁荣。

人工智能机器的道德意识

前一章谈到人类将会赋予人工智能机器意识，这样智能机器将具备自我存在的意识，并与人类交流互动。从机器人的创造者角度，我们人类将赋予人工智能什么样的道德意识？当智能机器具有与人同等或更高的创造性，自我保护意识，情感和自主意识，它们会不会如电影《终结者》那样，操控整个世界，然后把人类赶尽杀绝。智能机器人会不会是人类文明的终结者？已故著名物理学家与宇宙学家斯蒂芬·霍金[6]多次表达了人工智能威胁论，提出人类必须建立有效机制尽早识别威胁所在，防止新科技（人工智能）对人类带来的威胁。科学家们的担心并非空穴来风，AlphaGo Zero在了解围棋比赛的规则，在没有人类指导的情况下自我学习，短短3天完胜曾击败世界冠军李世石的AlphaGo1.0。试想如果AlphaGo Zero在3天内自学通读了人类历史，学习了人类的狡诈和暴力，那智能机器就成了恐怖的邪恶物种。它们没心没肺，没有道德感，没有价值观，没有同情心，没有敬畏之心，同时有远超人类的智慧和力量，智能机器无疑是人类文明的终结者。上章提到中文歌手王力宏的《A.I. 爱》歌，歌词也表达了对人工智能的道德疑惑："爱，只是一个字而已，但人类千秋和万代，不明白一直到现

---

[6] 斯蒂芬·霍金（Stephen William Hawking，1942 - 2018年）英国理论物理学家、宇宙学家及作家、剑桥大学教授。他的著作《时间简史：从大爆炸到黑洞》曾经连续237周荣登英国《星期日泰晤士报》的畅销书排行榜。

在，但 A.I. 能克服所有问题，但道德该放在哪里，到底道德放在哪里 …。"

　　人类需要有道德感的机器，这是人工智能时代开始就需要解决的关键问题。在智能机器的底层代码中必须植入：机器人不得伤害人类整体，或袖手旁观坐视人类受到伤害；这是机器人三定律的第一条。机器人三定律虽是在美国作家伊萨克·阿西莫夫创作的一篇短篇科幻小说《环舞》[7]中第一次提出，近年在科学和工业界得到了广泛的研讨。众多学者呼吁制造出来的智能机器要具有一种正直的观念，程序代码中要包含公平的理念，算法里要具有道德意识，人类必须通过编程植入道德意识到人工智能的机器之中。各个国家政府和工业联盟也在相应出台人工智能安全标准，如，中国2019年底发布的《人工智能安全标准化白皮书（2019版）》，国际标准化组织和国际电工委员会的联合技术委员会（ISO/IEC JTC 1）从2017年起制定了一系列的人工智能标准：《SC 42》。

　　人类可以赋予人工智能机器道德意识，并植入到底层代码之中。在第2章我们看到布卢姆教授的婴儿和幼儿心理研究实验，实验揭示了人类是带着判断是非对错、共情和同情心和原始的公平公正的意识来到这个世界。这样看来，我们人类在生命之初所表达的道德意识似乎是人生命中的底层代码，以确保我们人类的道德底线。

---

[7] 《环舞》英文名：Runaround，1942年发表于《Super Science Stories》（超级科学故事）杂志。

人类的道德底线 — 良心

这些起初的道德意识实际上就是我们常说的良心。良心是一个人内心的是非感，是对自己行为好坏和动机善恶的一个自我判断，在康德的著作中也称为心中的道德感。良心常常能引起人自己审思以往的所做所为，产生内疚和悔恨的心理，从而在人的内心规范人的心思和行为。良心一旦唤醒，良心一旦审视，人就如坐针毡，如芒刺背；如在康德的心中就会越来越感到惊奇和敬畏。良心是人类永恒的话题，审视人性和拷问良心也是文学和艺术作品的主要题材。

英国作家威廉·萨默塞特·毛姆[8]在他的作品中说："良心是我们每个人心头的岗哨，它在那里执勤站岗，监视着我们别做出违法的事情来。它是安插在自我的中心堡垒的暗探。"

《爱弥儿》（Émile）是卢梭[9]的一篇关于全人公民教育的哲学论文，其中说："在我们的灵魂深处生来就有一种正义和道德的原则。我们在判断我们和他人的行为是好或是坏的时候，都要以这个原则为依据，所以我把这个原则称为良心。…良心啊，良心！你是圣洁的本能，永不消逝的天国的声音。"

---

[8] 威廉·萨默塞特·毛姆（William Somerset Maugham，1874 - 1965年）现代小说家、剧作家，英国在1947年用他的名字设立了毛姆文学奖。
[9] 让-雅克·卢梭（Jean-Jacques Rousseau，1712 - 1778年）启蒙时代的法国哲学家、政治理论家和作曲家。

　　C·S·路易斯[10]在《返璞归真》中有一段关于良心的话，简明质朴地推论说明了良心的由来："人应该不自私，应该公平。不是因为人不自私，也不是因为他们喜欢不自私，而是他们应该如此。道德律或者人理，不像地心吸力之律，也不像有重量的物体怎样运动，不是人类行为的一个事实。从另一方面来说，它也不仅仅是头脑中的想像，因为我们想忘却它，它总在那里；… 因为我们叫做坏或不公平的行为，并不就是我们觉得对自己不方便的行为，很可能正好相反，是对我们有利的行为。因此，这个是非之律，或人理，或随你怎样称呼它的那个东西，一定是一种真实的存在，的确在那儿，不是我们捏造出来的。"

　　良心是如何进入人类的意识并作用于人类这个问题，是否是在人生命中道德底线的底层代码，我在下面几章讨论生命和意识的启示时再深入，我们先来看看，人类带着良心来到这个世界，是非对错、共情和同情心、公平公正这些萌芽中的意识会怎样伴随着我们的成长，并作用于我们的一生，影响我们一生的幸福。

良心的沉沦

　　语言是人类表达事物、动作、思想、状态的一种交流工具。虽然人类可追溯的语言文字有五千多年的历史，但至今人们仍无法解释语言这种奇妙的现象是如何产生的。然而、在漫

---

[10] 克利夫·斯特普尔斯·路易斯（Clive Staples Lewis，1898 - 1963年），通称C·S·路易斯，英国知名作家、诗人；英国《泰晤士报》在2008年评选1945年以来英国最伟大的50位作家，路易斯排在第十三名。

长的历史长河中，语言的发展、演化和传承缔造了人类的文明
和社会的意识形态。考查一下关于良心的成语和谚语，可以帮
助我们认识古今中外人们对良心的理解和揣摩良心在人心中的
作用。

天地良心：问心无愧，确实没有说假话、做坏事。

良心发现：指触发了善良之心而对自己的言行有所悔悟。

平生不作亏心事，夜半敲门不吃惊：有生以来从来没有干
过违背良心的事，即使深更半夜有人敲门也不吃惊；形容为人
处事光明正大，心地坦然。英语中也有相同的描述：A quiet
conscience sleeps in thunder.（清明的良心永远不会害怕午夜的
敲门声。）A good conscience is a safe pillow.（良心是一个安全
的枕头。）

瞒天昧地；瞒心昧己：昧着良心隐瞒真实情况，以谎言骗
人，违背良心干坏事。英语中相似的描述是：Don't hang your
conscience on your back.（不要把你的良心挂在背上。）

丧尽天良；人面兽心；禽兽不如：形容一个人恶毒到了极
点，没有一点良心，内心狠毒如野兽一样，没有人性。英语中
相似的谚语有：A fair face may hide a foul heart. He has a wolf-
conscience.（一张白皙的脸可能掩盖了肮脏的心，那是狼的良
心。）

从这些成语和谚语的描述，可以说人类会有泾渭分明的人
格，有的人随着生命的成长和成熟良心会更加敏锐、清明，而
成为一个为人处事光明正大，心地坦然的人；另有的人虽然带
着良心来到这个世界，随着生命的成长良心变得模糊、晦暗，
而成为一个行事欺诈恶毒，丧尽天良的人。我们大多数人的良
心可能都落在敏锐与模糊、清明与晦暗之间。为什么人类生命

中良心会发展成为如此差异化的人格和道德观呢？在第二章提到的《人心：善恶天性》的作者埃里希·弗洛姆认为："一个人行善或作恶不是单独发生的事件，而是生活中不断积累起来的每次选择的经验。"那么，我们成长的环境是如何在我们生命中积累行善或作恶的经验呢？心理学研究早已证明：一个人在出生和成长家庭（原生家庭）的童年经历，对其成年后的性格、行为、心理起着决定性的作用和深远的影响，甚至会决定其一生的幸福。著名心理学家阿尔弗蕾德-阿德勒[11]的一句话切中要害："幸运的人一生都被童年治愈，不幸的人一生都在治愈童年。"

苏珊·福沃德[12]在她的著作《原生家庭：如何修补自己的性格缺陷》[13]中用了一个形象的比喻：有毒的家庭体系就像高速公路上的连环追尾，其恶劣影响会代代相传。在书中第一部分，苏珊提出了有毒的家庭观点和行为模式，通过一系列有毒的父母，不称职的父母、操控的父母、酗酒的父母、身体虐待的父母、言语虐待的父母、性虐待型的父母等活生生的真实案例，告诉读者一个不争的事实：父母也是人，也会犯错误、甚至行为卑劣，孩子在有毒家庭中成长，从有毒父母那里中毒。这样，人类就陷入了孩子在原生有毒家庭生长，中毒的孩子建立有毒的原生家庭，下一代的孩子们再次中毒，如此循环往

---

[11] 阿尔弗蕾德·阿德勒（Alfred Adler，1870 - 1937年），奥地利医生、心理治疗师，个体心理学创始人。

[12] 苏珊·福沃德（Susan Forward，1938 - ）美国知名心理治疗师，节目主持人，在美国广播公司主持谈话节目长达6年。

[13] 该书由苏珊·福沃德之前的著作《中毒的父母》重新编辑出版，该书在《纽约时报》畅销榜首达44周，全美销量超200万册.

复。有毒家庭实在是人类无尽悲哀的无间道[14]。这个有毒家庭并非你我父母发明的，而是从先辈那里继承的毒素，是一个逐渐累积而成的、代代相承的感觉、规则、观念。

良心与配享幸福

从有毒的家庭体系观点来看，我们每个人都是中毒了。在第一章谈到哈佛大学长达75年的人生研究项目揭示了人类健康长寿和幸福的秘诀就是爱，然而当问到为什么我们这么难以得着，瓦尔丁格教授的回答是："这是因为我们是人。"这告诉我们一个不争的事实：我们人类也许有太多的缺陷：自我、自义、性格偏执、情绪不稳定，也许有太多的劣根和缺德：恶毒、奸诈、偏见、贪婪、怯懦、虚伪。这导致了我们的人际关系一塌糊涂，这导致了幸福虽然离我们只有一"爱"之隔，却远之千里。

在亚里士多德提出道德与幸福之后约二千多年，德国哲学家康德也非常热衷于论证道德与幸福的关系，解决道德与幸福的矛盾冲突。他虽然同意幸福是人生的一个努力目标，但他认为善良是人的义务，幸福理当是对善良的奖赏；但如果将幸福当作目标去努力获得，当作道德善良的奖赏去努力争取，那就掩盖了人所应尽的义务，义务也就不称之为义务了。在他的《道德形而上学》一书中，他将幸福区分为身体（或自然）幸福与道德幸福，认为前者是自然赐予的东西，就像在享受一件陌生人所赐的礼物；后者则存在于一个人的人格满意，且在自

---

[14] 无间道是佛教中八大地狱中最苦的一个，也是中国民间所谓十八层地狱中最底下的那一层，凡被打入无间地狱（无间道）的，永无解脱希望。

己的道德感中。只有后者才构成了对幸福一词的合理解释，这个幸福他用配享幸福来描述，就是说一个人的幸福完全精确地按照其内在德性，也就是道德感的比例来分配。

我们都知道，一个人的道德感与其生长环境有关，具有强烈的社会性，而良心是人生命中的道德底线。我们可以从良心的角度来看配享幸福，这样配享幸福就是绝对的且具有普世性的意义了。设想有一个人以合法但不正当的手段获得了一笔财富，过上了世人眼里看似幸福的生活，但其实他（她）或因良心发现可能受到良心的谴责，或因夜半敲门而心惊胆战、过着惶恐不安的生活。对这个人而言，当然也没有幸福可言，其幸福只是外面虚假的伪装幸福，而非内在真实的幸福。可见，良心在人的内心深处影响一个人的幸福，这就是良心配享的幸福，按其良心的敏锐程度，在无意识之间，合理公平分配一个人一生的配享幸福，这是一个个体内心的平安幸福状态。遗憾的是，我们每个人都是从有毒的家庭体系出生，毒素已经使得我们的良心变得模糊不清了，混沌的良心已经使得我们没有配享幸福而言。这个毒素从何而来？我们如何从永无希望解脱的无间道解脱呢？对于这些问题我将在第7章探讨其答案。现在我们可以明确的说道德意识和良心是人类与生俱来的意识，那么这些意识是如何存在于我们的生命之中的呢？

第 5 章 科学与信仰

科学是永无止境的，它是一个永恒之谜。

科学没有宗教是跛足的，宗教没有科学是盲目的。

— 爱因斯坦

在前面两章中，为了寻求意识起源的答案，我先从动物的意识和人工智能道德意识出发探讨了人类的良心这个道德底线。从没有文字传承的动物表现的道德意识，从人类赋予人工智能道德意识，从我们心中时而大声疾呼时而轻声细语的良心，我们不可否认人类与生俱来就具有道德意识，问题只是人类的道德意识和良心是如何进入人类的生命并作用于人类的，这就是意识的起源问题。常识和生物医学告诉我们，意识是大脑的一个功能，如果物质性的身体生命和大脑死亡，人也就失去意识，因此，回答意识的起源问题就不可回避人类意识的载体，物质的生命从何而来这个问题，而这个问题的又进一步引申到我们生活的地球和宇宙的起源等等这些长期困扰人类的问题。

我无意进入宇宙和生命起源的讨论，创造论与进化论、有神论和无神论的辩论之中；这个历世历代以来哲学和神学话题非我的知识所能应对。我只想请读者们观看我们生活的自然环境、山川河流、春夏秋冬、日月星辰，一切都在变化之中，而一切又是那么的和谐美好，如此神奇、如此壮观；我也想请读者们思考动物植物、我们的身体、从宏观到微观，复杂多样，千姿百态，然而又是那么的分门别类，秩序井然，如此精细；我们扪心自问，宇宙、地球、自然和生命起源的答案是否早就在我们心里了呢？

自然似乎不是自然而然

在人类初期，古人想象世界是一个平坦的地面，如同一个碟子，上面盖着天穹（firmament）太阳和星星就悬挂在里面。如果把这个想象微缩，就有些类似玩具店卖的雪景球（snow globe），一个透明的玻璃半球体，封闭了一个小型风景模型场景。日出日落，太阳从穹顶的一端移到另一端；人类所生活的地面就是这样一个宇宙的中心。古人认为这样的一个宇宙是上帝或诸神所创造并维持。从公元前300多年古希腊哲学家亚里士多德开始，人类对自然、地球、太阳和宇宙的认识从所观测到的现象和规律向前推衍，不断深入。

地心说：亚里士多德从形式逻辑和形而上学观点，认为静止不动的地球是一个球形，是宇宙和星系的中心，太阳，木星，火星和其它星球是围绕着地球为中心旋转的，无始无终。克劳狄乌斯·托勒密[1]在总结亚里士多德的观点后，根据所作的天文观测，写成巨著《天文学大成》，提出了地心体系宇宙图景，后人称为之为托勒密地心体系。

日心说：到了中世纪，波兰天文学家、天主教神职人员哥白尼[2]经过长年的观察和计算，提出了日心说，认为太阳是不动的，而且在宇宙中心，地球以及其他行星都一起围绕太阳做圆周运动，只有月亮环绕地球运行。1543年哥白尼临终前发表了他的著作《天体运行论》。到1609年，意大利数学家、物理学家和天文学家伽利略[3]发明了天文望远镜，证明了哥白尼日心说的正确。

---

[1] 克劳狄乌斯·托勒密（Claudius Ptolemaeus，90 - 168年）古埃及数学家、天文学家、地理学家、占星家。
[2] 尼古拉·哥白尼（Nicolaus Copernicus，1473 - 1543年），是文艺复兴时期的波兰数学家、天文学家。
[3] 伽利略·伽利莱（Galileo Galilei，1564 - 1642年）意大利物理学家、数学家、天文学家及哲学家。

　　宇宙起源大爆炸模型理论（The Big Bang）：1929年美国天文学家爱德文·哈勃[4]发现星系红移现象，也就是远方星系的光波将会伸展开，光谱偏红，而且距离越远的星系，红移越大，于是得出重要的结论：星系都在远离我们而去，且距离越远，远离的速度越高。这就是著名的哈勃定律。随后人们发现宇宙微波背景辐射、超新星等现象，这些现象证实了哈勃的观测。考虑到宇宙各向同性和均匀性（这称为宇宙学原理），科学家只能说整个宇宙空间在伸长或膨胀。既然宇宙现在在膨胀，宇宙过去也一定是在膨胀，那么倒推反演回去，宇宙起初应该是很小的一个点，这就是宇宙起源大爆炸模型理论（The Big Bang）的逻辑。可以推算距今137.98 ± 0.37亿年，宇宙由一个密度无限大且温度无限高的太初状态发生大爆炸开始，其后经过不断的膨胀演变形成星系，形成我们现在的宇宙。宇宙大爆炸理论是1932年由乔治·勒梅特[5]首次提出，乔治·伽莫夫[6]等人在1948年提出了现在的热大爆炸宇宙学模型。

　　奇点：大爆炸宇宙学虽然相当成功，能够解释很多观测到的现象，但严格来说，我们不能够完全确定大爆炸理论的正确性，并且仍有很多问题还无法给出确切的回答。如果广义相对论正确，因果律成立，大爆炸开始的太初状态应该是大爆炸

----

[4] 爱德文·哈勃（Edwin Powell Hubble，1889—1953年）哈勃是公认的星系天文学创始人和观测宇宙学的开拓者。在下面谈到的宇宙膨胀率是用他的名字命名，称为哈勃常数。
[5] 乔治·勒梅特（Georges Lemaître，1894 - 1966年）比利时天主教神父，宇宙学家，他的《原始原子的假设》奠定了宇宙大爆炸起源论的基础。
[6] 乔治·伽莫夫（George Gamow，1904 - 1968年），美籍俄裔物理学家、宇宙学家、科普作家，热大爆炸宇宙学模型的创立者。

点，已故英国理论物理学家斯蒂芬·霍金称之为奇点。奇点是一个密度无限大，热量无限大，温度无限高，压力无限大，时空曲率无限大，体积无限小的"点"。 在奇点前，没有空间，没有时间，没有物质，也没有能量。时间和空间，物质和能量必将从大爆炸开始。但奇点来自何处？ 我们不知道；它为什么会出现？ 我们不知道；也就是说我们无法知道从无到有的宇宙起源，奇点在大爆炸宇宙学模型中不可逾越但又无法解释。这无疑向人们提出了一个值得深思的问题：我们关于时空和宇宙的观念是否正确？

暗物质： 长久以来，人们认为宇宙的形态是基于牛顿在1687年出版的《自然哲学的数学原理》一书中提出的万有引力定律来维系。简单的说，两个有一定质量的物体在连心线方向上相互吸引，这个引力与两个物体的质量成正比，与两个物体间的距离平方成反比。这样，星球与星球之间在万有引力同时又在自转和相互旋转的离心力相互作用下达到稳定的状态。从月亮与地球，地球与太阳，太阳与银河系，银河系到宇宙，整个宇宙是一个相互吸引又旋转离心的有序状态。但后来，科学家在观测星球的运动速度推断星球的总质量，计算星球与星球之间的引力时发现，万有引力远远不够维持完整星系稳定平衡的状态。也就是说，如果星系、星球间仅仅只有其质量的万有引力支持的话，我们的太阳系，银河系和宇宙应是一盘散沙。宇宙之所以能维持现有秩序，只能是还有其它物质的存在。而这种物质不发射、不吸收、或不反射任何波长的光线。二十世纪30年代，瑞士天文学家茨威基[7]首先将宇宙中隐藏的物质命名

---

[7] 弗里茨·茨威基 (Fritz Zwicky, 1898 - 1974)，他在理论和观测天文学上的重要贡献对认识宇宙有深远的影响。

为"暗物质"，他在发表的观测报告中说："在星系团中，看得见的星系只占总质量的1/300以下，而99%以上的质量是看不见的。"2006年，美国天文学家利用射线望远镜对星系团进行观测，无意间观测到星系碰撞的过程，星系团碰撞威力之猛，使得暗物质与正常物质分开，因此发现了暗物质存在的直接证据。但是，暗物质究竟是什么？对于这个关乎宇宙组成的根本性问题，科学界至今（2020年）没有明确的答案。

暗能量：1998年，澳大利亚和美国天文学家几乎在同一时间从超新星爆发中观察到宇宙在加速膨胀的证据[8]。两国的天文学家由此获得了2011年的诺贝尔物理学奖。如果宇宙中只有可见的物质和暗物质，由于引力相互作用宇宙膨胀应该逐渐减速，并最终停止膨胀。而宇宙的加速膨胀，表明万有引力并不起主导作用，而是排斥力在主导着宇宙的加速膨胀，这样就需要有新的能量的加入。这能量是什么？科学家也搞不清，所以取名叫"暗能量"。目前天文学认为整个宇宙的构成中，常规物质（即重子物质）占4.9%，看不见的物质占95.1%，其中暗物质占26.8%，暗能量占68.3%[9]。宇宙由暗物质和暗能量组成，并因暗能量使星球彼此分开，这一难以理解而且违反常理的宇宙模型，逐渐得到了科学验证。万籁俱寂茫茫的宇宙充满看不见的物质和能量是以前人类无法想象的事情，人类的宇宙观再次受到极大的冲击。

---

[8] 超新星即爆炸中的恒星，它发出的亮度是几十亿颗恒星亮度的总和。测定超新星的亮度，可以用来判断宇宙膨胀的速率。

[9] 质能等价（转换）理论，$E=mc^2$，E表示能量，m代表质量，而c则表示光速常量，$c=299792.458km/s$，质能方程由阿尔伯特·爱因斯坦提出。

　　近年来对人类世界观、宇宙观的冲击并非只有暗物质和暗能量，平行宇宙论、多重宇宙论、弦论等不是科幻小说和电影所描绘的场景，而是量子力学实验和天文学观察的推理结果。现代科学，特别是物理学、天文学已经进入到极其深奥的范畴，前沿理论所描述的世界和宇宙已经远远超出了我们日常经验的范畴，超出了我们的认知。对于这些前沿科学的成果和理论，我们大多数人只能简单地接受和感叹：这个世界比我们所认知的世界离奇得多。中国古话"眼见为实"已经只有不到5%的可信度了，"无中生有"的奇点倒是可能成为事实。对于这些现代科学的发现我们都只能凭着信心接受。正如被誉为暗物质之母的美国女天文学家维拉·鲁宾[10]所言："对不起，我知道这么少。对不起，我们都知道的很少。但这很有趣，不是吗？

　(I'm sorry I know so little. I'm sorry we all know so little. But that's kind of the fun, isn't it?) "

宇宙的精细奇妙

　　虽然世界离奇、宇宙奇妙，但其中的万物都是受自然规律的约束，如自由落体定律、万有引力定律和相对论等；万物也是由看得见的自然和看不见的自然中的相互作用力支配。这些作用力可以用数学来描绘，其中的基本常数[11]可以非常精细地定义宇宙的形态和万物的存在。如，大爆炸之后宇宙的膨胀率

---

[10] 维拉·鲁宾（Vera Rubin，1928 - 2016）1993年获美国最高成就科学奖，1996年获英国皇家天文学会金奖。
[11] 基本常数包括真空光速、普朗克常数、万有引力常数、玻尔兹曼常数、阿伏伽德罗常数、等等。通常认为基本常数有26个，但随着人类对宇宙和自然的认识，这个数字有可能增多。

为哈勃常数[12]，如果哈勃常数有一万兆分之一的改变，现在的一切就都不复存在。一万兆分之一有多小呢？美国洛杉矶格里菲斯天文台（Griffith Observatory）馆长劳拉.丹莉（Laura Danly）博士用了一个形象的比喻，她站在一大片沙滩前，沙滩上的沙子的颗粒的总和大约在一万兆颗左右，要改变大爆炸之后宇宙的形态，拾起一颗沙子就可以。

物质世界和宇宙存在的基本常数，我们赖以生存地球存在的条件是如此的精细，可以说是分毫不差，一万兆分之一的概率是$1/1,000,000,000,000,000,000$（18个零）$= 1/10^{18}$，在统计学上几乎是不可能发生的。如果说宇宙的起源是基于大爆炸，而其存在是基于这样一个概率事件，那么说宇宙的起源是一个精心设计创造，而宇宙的存在是创造者的维系就更能让我们人类理解，更能让我们信服了。

生命的起源

至今，人类所发现的一切自然规律和自然环境似乎都是为着生命的出现、生命的存在而精心准备的。如果我们仍认为这一切的恰到好处是机缘巧合，是不可能发生但又发生的概率事件，那我们来看看人类动植物的遗传基因和生命的起源，这也是回答意识的起源不可能回避的问题。

如此奇妙的生命蓝图DNA分子是从何而来呢？是由自然界中的无机分子在一定的条件下偶然形成生物小分子，进而发展而来的吗？1953年，芝加哥大学的米勒（Stanley Miller）和尤里（Harold Urey）设计了一个实验，用氨气、甲烷和其他一些

---

[12] 哈勃常数：67.74 ± 0.46公里/秒·百万秒差距（km/s/Mpc），2018年修正为73.45 ± 1.66 km/s/Mpc

气体组成的混合气体模拟史前地球的大气，给这些气体施加电
场产生电火花模拟闪电，一周后在这样一个模拟环境下发现了
有机化合物和氨基酸的存在。这个实验证明：在自然环境下无
机物合成有机物是有可能的。这就是著名的米勒-尤里关于生命
起源的经典实验。[13]

　　继续这个思路，在史前自然环境下，需要多久的时间才能
随机产生一个有生命特征的DNA分子呢？我们先来看看著名的
打字猴子这个假想实验[14]，实验的内容是，如果无数多的猴子
在无数多的打字机上随机的打字，并持续无限久的时间，那么
在某个时候，它们必然会打出莎士比亚的全部著作。这个假想
实验可以这样来理解：猴子随意敲打打字机，总会打出一些字
母，只要字母足够多，总会有一些单词，只要单词足够多，总
会有一些句子，只要句子足够多，总会有一些有意义的句子，
有意义的句子足够多，总会有一首诗，诗足够多，总会有一首
和莎士比亚的作品一摸一样的著作。猴子能碰巧写出莎士比亚
的作品这看上去似乎是违反直觉，但实际上在数学上是可以证
明的，有人计算猴子打出一首莎士比亚的十四行诗的时间需要
2000亿年。这个实验引入了无限猴子定理，说明把一个很大但
有限的数看成无限的推论是错误的。

[13] 米勒-尤里实验结果发表于1953年《科学》杂志，Science，V117，
I3046, pp. 528-529. 原文标题：A Production of Amino Acids Under
Possible Primitive Earth Conditions
[14] 打字的猴子假想实验是法国数学家埃米尔·博雷尔在著作
Mécanique Statistique et Irréversibilité（统计力学和不可逆性，J. Phys.
(Paris). Series 5. 1913, 3: 189 – 196）中提出。埃米尔·博雷尔（Félix-
Édouard-Justin-Émile Borel，1871 - 1956年)，在测度论，概率论，拓
扑学和博弈论等领域作出了重大贡献。

我们知道宇宙起源至今的时间是137亿年，在这么漫长的时间里一个简单生命体的基因序列能否被自然碰巧打出来呢？我们借用打字猴子这个假想实验概念，对第三章提到具有531,000个碱基的JCVI-Syn3.0最小基因组生命体计算随机打出来这个基因组序列的时间。我们设计一个DNA键盘，只有4个按键，A、T、C、G。如果随机打入6个碱基AGCATC，打出第一个字母"A"的概率是1/4，打出第二个字母"G"的概率也是1/4，因为事件是独立的，那么打出碱基AGCATC的概率是：

$$(1/4) \times (1/4) \times (1/4) \times (1/4) \times (1/4) \times (1/4) = (1/4)^6$$

同理，打出这个人造细胞531,490个碱基的概率就是 $(1/4)^{531,490}$

2018年1月1日，全世界人口总数达74亿4444万3881人。去除文特尔和他的团队，以及精通生命科学的人，假设是3881人，这样74亿4444万人每人一个DNA键盘，按每分钟1000个键的速度随机键入碱基序列，8小时51分钟可以键入完一次531,490个碱基，所有人都不吃不喝不睡觉，一天24小时连续键入，键出这个人造细胞正确的碱基序列需要的时间是 $1.325 \times 10^{318,587}$ 年。上面提到宇宙起源至今的时间是137亿年，也就是 1.37×10^{10} 年，对比 $1.325 \times 10^{318,587}$ 年，宇宙的盘古至今、人类的千秋万代，神奇的自然也不可能创造出这个最小生命体的基因组。

人类DNA长链分子共有约28.5亿个碱基对，生命起源的进化理论直觉上似乎有可能，理论上也可以求证其发生的概率，但在自然环境中，在宇宙历史的137亿年时间里，自然随机打造如此精细至极的生命DNA是完全不可能的。用进化的思想推理生命的起源，在发生的概率上是没有科学基础的，完全是缺乏理性和盲目的。就是进化论的鼻祖达尔文也一度承认：这广阔无垠、奇妙无比的宇宙……竟然是盲目的机遇或必然的产物感到非常难于甚至无法理解。[15]

　　上面的计算和叙述还仅仅是对DNA序列起源的推论，组织和器官的形成还包括各种聚合酶参与、RNA的形成、氨基酸序列产生和蛋白质的表达，生命的复杂程度远非我在这里用一两页的篇幅可以描述的，而生命的起源也不是我们人类拍拍脑袋可以想出来的。文特尔的首个人造生命体仅仅是合成的基因组，他们借用了丝状支原体的基因组作为模板和山羊支原体细胞为载体。他们团队用了6年的时间完成了这个简单生命体，一个细胞的创造。新闻媒体称克雷格·文特尔是扮演上帝的人。生命的高度复杂和完美实际表明有一位设计师和创造者，生命是祂设计和创造的杰作，是我们人类不可推诿和否认的。

人类基因组计划

　　2000年6月26日，历时10年，由美国、英国、法国、德国、日本和中国科学家共同参与，耗资达30亿美元的人类基因组计划，在这一天宣告绘制出了第一张人类基因组DNA序列草图，这是人类基因组计划实施中取得的一个里程碑式的成果。这一天在美国白宫东大厅，这个里程碑式的新时代正式揭幕。当时的美国总统克林顿说："今天，我们知道了上帝用以创造生命的语言。对于上帝带来的这份神圣礼物中所展示的复杂、精致和奇妙，我们怀有更多的敬畏之情。"

---

[15] 《生物学思想发展的历史》恩斯特·卡西尔（Ernst Cassirer，1874-1945年，德国哲学家）著，涂长晟译，四川教育出版社，2010，第十一章 进化的原因：自然选择。

　　主持人类基因组计划的美国国家卫生研究院（NIH）院长
弗朗西斯.柯林斯（Francis Collins）接着说："对于这个世界来
说，这是一段幸福的日子。以前只有上帝知道关于构建我们自
身的指导手册，如今我们也得以窥见。对此，我充满谦卑和敬
畏之情。"

克林顿总统向全世界宣布人类基因排序草图完成，弗朗西斯·柯林斯和当时
塞莱拉基因公司（Celera）的创始人克雷格·文特尔坐在两边。照片为美国
国家人类基因组研究所网站视频截图。

　　到2003年4月15日，国际人类基因组组织正式宣布，人类基
因组计划全部完成，人类DNA序列共包含28.5亿个碱基，其中
含有2万～2.5万个蛋白编码基因组。

　　这些编码蛋白质的基因组在DNA序列只占1.5%，剩下的
DNA序列还有多少是编码基因序列，有多少是没用的所谓"垃
圾"DNA或者是寄生遗传序列呢？为了进一步揭示DNA密码，
2003年9月由美国国家人类基因组研究所发起了一项公共联合研
究项目ENCODE（Encyclopedia of DNA Elements，DNA元件

百科全书）计划。旨在通过联合研究计划，全面揭示人类DNA序列中的功能序列基因组。

　　历时9年之后，2012年9月6日《自然》杂志发行了ENCODE计划的专刊，刊登了具有代表性的多篇论文。随后各大国际期刊也刊登了ENCODE计划的科研论文数百篇。ENCODE计划的研究表明，在2003年人类基因组项目宣布正式完成时，所谓的"垃圾"DNA中至少80%其实是有功能的，其中包括了大量的非编码RNA。正如宏观宇宙中存在着人类知之甚少的暗物质和暗能量，在生命体这个微观"小宇宙"中，也存在着这样的"暗物质"——非编码RNA。这些之前认为不翻译蛋白质的RNA分子可能比翻译成蛋白质的小部分RNA有着更重要的地位，他们可能参与或主导了极其复杂的调控和我们人类未知的功能。ENCODE的研究也获得了大量与疾病相关基因，这可以帮助科学家针对这些基因设计药物靶点，设计个体化治疗方案，这为个性化医疗或精准医疗奠定了基础。

　　如前面将动物或植物比喻计算机，我继续将DNA碱基测序和基因组与计算机语言做一个比较。计算机操作系统程序的实现是在各种计算机中央处理器（CPU）机器语言的基础上，也就是汇编语言的基础上，通过高级编程语言编译来实现的，例如微软公司的Windows是基于C语言，及C++，C# 等编程框架（API），而苹果公司的OSX/iOS主要是以ObjC为框架，谷歌公司的Android用C++和Java为编程框架。目前，人类对DNA长链分子的测序，也就是测量ATCG这4个碱基在DNA长链分子中的排列顺序，并通过生物的形态、结构和生理生化等生命特征推演DNA长链分子中与生命特征相关的一个或多个功能基因，如我上面提到的人类眼睛虹膜的颜色是由多个基因片段决定的。这如同我们没有计算机操作系统或程序的原程序，而对机器语言进行反编译，从0和1代码找出程序实现的功能和实现的特征，如果知道计算机中央处理器类型，就可推演出汇编语言代码，进一步根据编程框架，就可以知道系统程序的高级编程代码。目前，人类对动物或植物及其自身的DNA长链分子是如何编译实现的完全不知，我们只能通过测序，从ATCG碱基找出DNA长链分子中与生命特征相关或与疾病相关的一个或多个功能基因。试想28.5亿个DNA碱基，要从中找出功能基因，找出基因之间的关系，这是一项多么巨大的工作，而且存在非常大的不确定性。当然，我们人类只能这样从事基因科学，因为我们不是生命的设计师，也不是自然的创造者。在计算机程序设计中，都是通过编程语言设计程序，编译成计算机CPU可以执行的0和1代码。从0和1代码反编译出原程序多少有剽窃他人版权和知识产权之嫌。人类基因组计划通过对ATCG碱基分析，找出DNA长链分子中基因片段，特别是近20多年兴起的合成生物学（Synthetic Biology），人们通过对动植物基因序列进行改造、插入或删除，或者对基因片段进行化学修饰（甲基化，methylation，使基因序列失去功能），实现动植物生命的改造和制造新的生物分子以至新的生命，这同样有剽窃创造者知识产权之嫌。虽然，基因研究和合成生物学让我们更多地认识生命，带来生命科学、生物学和医学的发展，人类也从个性化医疗或精准医疗中直接获益，但生命的复杂性远非人类所知，基因研究是否会给全人类带来灭顶之灾，也许2018年发生的基因编辑婴儿事件[16]就是给我们人类敲响的警钟。

科学与信仰

　　科学在不歇努力地揭示宇宙和生命奥秘，每一个新的发现牵动一番新的惊喜，每一个新的发现将人类对自然和生命的认知和知识向前推进了一步。然而，每一个新的发现也使我们认识到，认知和知识推进的每一步如同开启了一扇门，门后面又是一片新奥秘的海洋。古代，人类认为世界是一个平坦的地面，上面盖着天穹，太阳和星星就悬挂在里面，今天我们看到了几乎宇宙的全貌，但发现已知的物质在宇宙中只占不到5%，其余95%以上的物质的存在形式是我们根本不知道的，我们只好称之为暗物质、暗能量。

　　科学家持续努力追求发现宇宙的规律和生命的奥秘确实是科学发现的美丽所在，不歇的努力，不断的发现，不断的惊喜。然而，我们也许应当认识到科学认知是有极限的，比如说对宇宙大爆炸的理论，目前科学可以用宇宙模型解释大爆炸后10^{-43}秒以后宇宙的演变情况，今后人们有可能还会进一步认识宇宙大爆炸之后更微小时间的演变，但是在这之前的宇宙是个奇点，所有的物理定律都是不适用的。因此宇宙是怎样从无变为有的，这是科学理解宇宙的认知极限。同样，对于生命，所有的植物和动物都是由DNA和其基因组控制，但是，DNA序

---

[16] 中国南方科技大学副教授贺建奎及其团队在2018年通过基因编辑技术，对人类胚胎细胞的CCR5基因进行改造，使一对双胞胎婴儿获得对艾滋病的免疫力。事件发生后，各国逾百名科学家联名发表声明，坚决反对、强烈谴责人体胚胎基因编辑。该事件以贺建奎获刑3年而告终。

列是如何产生的，没有DNA之先，地球怎么能产生生命呢？这是科学认识生命起源的极限。就如爱因斯坦所说："科学是永无止境的，它是一个永恒之谜。"

　　自然科学是根据观察和逻辑推理发现隐藏在自然现象背后的规律。由于我们人类是被困在自然这个3维空间中，在3维空间里研究3维空间里的现象，我们不可能跳出这3维空间看到这个3维空间的全貌。这有点像盲人摸象比喻，有的人摸到了象腿，有的摸到尾巴，有的摸到耳朵，虽然每个人摸到的大象的部位都是真实的，都是客观存在的，都可以根据自己对大象的认识作出描述，并对大象的全貌做出逻辑推理，显然，只要我们稍稍远离大象，用眼睛观察大象，就知道盲人对大象作出的描述是片面的，是不完全的。比盲人摸象更糟糕的情况是我们是在3维空间内探索3维空间的全貌，其片面性和不完全性就可想而知了；可以说我们人类完全不可能探索自然的全貌。

哥德尔不完备性定理

　　自然科学已经发展到了我们要凭信心接受宇宙存在是一万兆分之一（1/1,000,000,000,000,000,000）概率结果和最简单细胞在自然界可以在$1.325 \times 10^{318,587}$年随机产生这样的假想实验结果。理性的科学已经是不理性的了，科学需要接受和相信已经超乎理性的证据和推理。实际上，现代科学是建立在许多公理的基础上，提出假设，再通过观测和实验来进行求证。而公理之所以称之为公理是其真实性被视为理所当然，且符合直觉，但对公理的求证就是一个令科学沮丧的事情。例如，公理体系（一组公理的集合）一般被认为开始于2300多年前欧几里德撰写的《几何原本》。其中一条公理是一条直线可以在两个方向无限延伸这条公理，这似乎是完全合理的，但没有人能够证明这一点。再如，1 + 1 = 2，这显而易见、理所当然的事实是以数学最基础的一组公理，皮亚诺算术公理[17]为基础，规定1是自然数，任何一个自然数的后继也是自然数。1 + 1 = 2 就是2的定义，等于说自然数1的后继叫做自然数2。那么为什么相邻的两个自然数必须差1呢？而不是0.5呢？1 + 1 的问题就是著名的哥德巴赫猜想：任何大于2的偶数都是两个质数的和。至今，哥德巴赫猜想还没有完全被证明，最接近的证明是中国数学家陈景润在1973年证明的 1 + 2。

　　1931年年仅25岁的奥地利数学家库尔特·哥德尔[18]提出了一个撼动一切科学研究基础（公理体系）的定理：不完备性定理。哥德尔不完备性定理用简单通俗的话说就是：一个没有矛盾的公理体系内，总有一些命题在体系内说不清楚是对还是错的（这就是不完备性）。公理体系当然是没有矛盾，可是哥德尔告诉我们：没有矛盾的公理体系又会导致出现一些命题说不清楚对错。1 + 1 就是一个经典的命题。再如，日常生活中我们赖以生存的太阳系，我们无法证明太阳明天会出现。哥德尔不完备性定理不仅适用于数学，而且适用于自然科学，逻辑学和人类知识的所有分支。哥德尔不完备性定理让我们看到在完全的理性上科学是那么的脆弱，然而在显而易见的自然规律面前

---

[17] 意大利数学家朱塞佩·皮亚诺（Giuseppe Peano，1858 - 1932）在1889年总结提出，简单来说就是定义了什么是0、1、加法和数学归纳法。

[18] 库尔特·哥德尔（Kurt Gödel, 1906 - 1978）美籍奥地利数学家、逻辑学家和哲学家，被誉为二十世纪最伟大的逻辑学家之一。身前与爱因斯坦同时任职于普林斯顿高等研究院（Institute for Advanced Study）。

科学又是那么的真实。今天我们人类高举理性科学的尚方宝剑，在横扫一切非理性的和超出我们认知的存在，认为理性的科学与感性的相信是水火不容的，殊不知关于人类认识世界的一切，人类的科学基础都是在相信接受几个公理的条件下通过理性的方法推导出来的，是建立在信心之上的。所有的自然规律，无论是发现的还是没有发现的，都是要凭信心接受的，就如同太阳明天会出现的结论我们只能凭信心接受。如果宗教的定义是一个群体的人类对某个体系的共识和崇敬而产生的信仰，那么理性的科学实质上已经早已沦为一种宗教体系。

康德的二律背反

康德在《实践理性批判》之前的另一著作《纯粹理性批判》中，他提出了二律背反(Antinomy)，意思指对同一个对象或问题所形成的两种理论或学说虽然各自成立但却相互矛盾的现象。这与哥德尔不完备性定理多少有相通之处，只不过康德用的是哲学语言描述，而哥德尔用数学严格证明。这也是康德对纯粹理性的思考，表明理性自身的局限性，那就是，纯粹理性在依照自身的本性运作时，不可避免地会产生不可调和的矛盾。如，四组二律背反中的第一组：

正命题：世界（宇宙）在时间上有开端，在空间上有限；

反命题：世界（宇宙）在时间上和空间上无限。

正命题反证：假设这个命题错误，宇宙在时间上是无限、没有开端的，那么就等于说，到了一个时间点上，如读者读到这句话时，一段无限的时间已经结束了，这就导致自身相悖，因为无限就是没有结束之意，怎能说无限的时间到目前为止结束了呢。所以，正命题肯定是对的，时间一定有一个起点。

反命题反证：同样假设这个命题错误，宇宙在时间上是有起点的，那么，在此以前宇宙还不存在，时间是空的，而在空的时间中是不可能形成万物和世界的，宇宙在时间上有个开端是不可能的，所以，反命题是正确的，时间是无限的。

同理，也可以证明空间是无限的和有限的这两个命题都是正确的。在当时康德对纯粹理性的思考中，四组背反具有逻辑的一致性。20世纪以来，由于人类在数学、物理学、天文学等领域的巨大进步，许多科学家相信他们解决了背反问题，或是否定康德二律背反，但在宇宙大爆炸模型中奇点是科学无法解释的，到目前，这依然是我们不可逾越的一道理性的屏障！

康德的二律背反第四组是关于宇宙的成因有一个必然存在物，还是在无止境的因果链上的一个偶然事物。这个必然存在物是康德概念下的上帝。康德并没有论证上帝存在，他知道人类认识能力是有边界的，不是无限的，不可能通过理性的推理来否定或者肯定上帝。因着康德认为上帝存在不能论证，人们把他归为不可知论者。那么，在康德的认知里，他是认同二律背反第四组的正命题：宇宙的成因是上帝，还是反命题：宇宙是偶然事物？很显然，在他试图通过理性来穷尽宇宙问题时，他只能把一个高于理性的存在作为终极答案。这就是在他观看闪烁星光的天空，面对秩序井然的宇宙，在他心灵中唤起敬畏的对象。而在他审视道德时，他看到只有完全建立在自由意志的基础上的道德才是真正的道德，这样的道德是在一个人心中运行的良心。将头上的星空与心中的道德律联系在一起，他的结论是倘若上帝不存在的话，那道德将毫无意义。上帝不仅是宇宙的答案，也是人类道德的答案，这是康德的信仰，刻在他墓志铭上的那句话清楚地向人们传递着这个信息，并且他对自己的名字[19]相当自豪也说明了这一点。

科学对于宇宙的起源和生命的产生这些问题可能永远不会有明确的答案，然而，科学的进步和发现让人们越来越看到这一切的存在是创造的结果。科学可能永远不能证明创造者的存在，然而，在夜深人静的时候，象康德一样，抬头观看广阔的星空和一轮明月；感觉体内那生生不息跳动的心脏；思想此刻身体组成的那几十兆个细胞在基因的控制下准确无误地复制，维持着生命和生命的新陈代谢；思想心中的道德律在心灵中唤起的惊奇和敬畏；我们无法推诿宇宙的起源是一个创造，生命的产生是一个创造。既然源于创造，就一定有创始者，自然规律和我们的存在也是创造者的维系。人类对创造者的相信是理性的信仰，接受这样的信仰和接受科学建立的公理基础是一样理所当然和显而易见，理性的信仰和理性的科学是和谐统一的。借用爱因斯坦的一句名言[20]："科学没有宗教是跛足的，宗教没有科学是盲目的。" 我想这句话的准确意思应该是：科学没有信仰是跛足的，信仰没有科学是盲目的。这句话表达了理性与信仰之间的关系，我在第8章会谈到宗教与信仰的关系，读者可以更容易揣摩这句话的意思。

---

[19] 《康德传》黄添盛译，上海人民出版社，2008. 原著：Kant: A Biography, Manfred Kuehn, Cambridge University Press, 2001。康德名伊曼努尔（Immanuel），意思是上帝与我们同在，在中文《圣经》里Immanuel译作以马内利。据说在晚年康德不厌其烦地解释他名字中蕴含的深刻意义。

[20] 英语原文：Science without religion is lame, religion without science is blind. 是爱因斯坦为"科学，哲学和宗教与民主生活方式的关系会议"准备的文稿，收录在《科学，哲学和宗教》一书中，1941年，纽约。

意识科学的鸿沟

我们人类一代又一代地问自己我们从哪里来？为什么我们会在这里？我们存在的目的是什么？我们将来要到哪里去？我们人类一代又一代地寻求这些问题的答案，产生了宗教、哲学、科学、艺术、人文等等学科，我们提出了各种各样的假设，从自然和历史的蛛丝马迹中耐心求证，解答我们的疑问和困惑，这确实是一条永无止境的科学道路。这条永无止境的科学道路在意识科学领域可能就是一个永恒之谜。前面谈到意识按科学的定义是大脑对于客观物质世界和本体自我的反映，是感觉、思维等各种心理过程的总和。虽然现代生命科学认为意识是从大脑中数以亿计的神经元的协作中涌现出来的；量子理论认为意识是以量子的形式存在，但意识与身体中物质组织的关系一直以来困扰着认知科学、神经科学、心理学、物理学、人工智能科学、社会学和哲学等领域。人们提出各种假设和猜想，如，意识产生于大脑神经元活动、意识存在于大脑前额叶皮层或大脑的屏状体、意识量子理论的模型等等。我们要如何去检验这些假设和猜想呢？如何科学地证明假设和猜想的正确性呢？

人类的科学研究是基于主观的本体意识去研究客观事物，而对意识的研究，研究的对象不是客观事物，而是本体意识本身，这是人类对意识的研究最大的难点。这是用主观的本体意识对本体意识研究，就如同斧头砍自身的木棍把手，显微镜观察自身物镜上的瑕疵，完全就是"不识庐山真面目，只缘身在此山中"的状态。这可能是我们自以为豪的科学不可能逾越的鸿沟；这也就是说我们的意识不可能真实地认识我们自己，我们的生命和我们的意识本身，除非我们置身于客观世界之外，置身于我们的意识之外。

薛定谔在他的著作《生命是什么》第三章客观性原则中说："意识通过自身的材料为自然哲学家建造了一个客观的外部世界。只有意识从概念的制造中撤出，把自己排除在外，它才能完成这个宏大的任务。由此可见，客观世界并不包含意识的缔造者。" 这也就是说既然我们的意识能对客观世界产生认识，那意识就不是由客观世界缔造的，不是自然进化的产物，也不是来自我们大脑神经元的活动，这个意识必定来自我们这个客观世界之外。

生命体意识的起源

尽管我们的科学可能不能认识意识的本质，从道德意识我们仍可以合理推论意识的来源。上一章谈到灵长类学者弗朗斯·德瓦尔，在对黑猩猩进行了长期且细致的观察后，认为："道德意识并非是人类所独有的，在黑猩猩社会中也能看到，只是在较低水平上表现；这样人类道德的源头并非源自理性，也不是来自古代哲学家的论著教导，不是文化或宗教的产物，而是人类从灵长类动物传承的，人类与黑猩猩享有共同的古老心理特征。" 这虽是进化论的观点，但也告诉我们，无论是人类、黑猩猩、还是其它动物，道德意识、生命规范和行为准则都是源自遗传。从第二章谈到婴儿和幼儿具有一定分辨善恶能力的佐证来看，意识确实是具有一定的遗传性。

科学已经证实，双股螺旋结构的脱氧核糖核苷酸长链生物大分子DNA是生命信息的遗传物质，决定生物的种类和生物体的组织形态结构。既然人类、黑猩猩和其它动物的道德意识具

　　有一定的遗传性，那就不可否定地说，DNA分子中不仅包括生物体组织形态结构的生命遗传信息，也包含人类和动物生命之初意识的生命遗传信息。也就是说，人类和动物生命之初的意识，包括人类的良心，人和动物的生命规范和行为准则，是以编码的形式书写在DNA分子的ATCG碱基序列中，在受孕之初就存在于受精卵这个生命体中。就目前人类对基因组序列的研究和认识，生命之初的意识编码很可能就是目前人类未知其编码功能DNA序列其中的一部分，在大脑神经元细胞根据编码对生命体自身和外来刺激感受产生意识活动，在生命体成长到可以表达意识的阶段而表达出来，或通过脑电图检测出来神经元的活动电位。

　　那么，DNA序列中的生命信息从何而来？生命之初的意识编码从何而来？这个问题的答案是显然和肯定的，DNA序列源于远高于我们人类智慧的创造，源自我们这个客观世界之外。我们人类要寻求的答案是：谁是创造者？谁创造了DNA序列？谁赋予了DNA序列中生命之初的意识编码？我们人类企图通过分析DNA序列（反汇编DNA程序）是不可能有答案的，唯有从这位创造者那里获得启示，才会有正确的答案。

第6章 启 示

圣经都是上帝所默示的，于教训、督责、使人归正、教导人学义，都是有益的。叫属神的人得以完全，预备行各样的善事。

— 《圣经》提摩太后书3章16-17节

一个不懂自己出生前历史的人，永远是个孩子。

— 古罗马哲学家、政治家、作家西塞罗

随着人类对多维空间、时空扭曲的研究，我们越来越发现我们完全受限于3维空间和时间里，我们的认知对于无限暴涨宇宙的空间和从没有时间之前的时间不可能完全明白和理解；而对于缔造空间、时间、自然、生命和DNA序列的创造者，我们凭借自己的智慧也是绝对不可能完全认识；除非这位创造者按着我们人类所能理解的方式将祂自己和祂的创造启示于我们。如果这位创造者是负责任的，那祂一定会将这些告诉我们人类。纵观人类的文明历史，纵览生命的存在，创造者确实用两本书给予我们人类启示，第一本书是自然与生命，第二本书就是《圣经》。

这第一本书，我们人类每天都在看，每时每刻都在按着书上所定规的规律和法则在行动、在生活。在本书的前面几章，我们看到宇宙中的一切被造之物，从浩瀚无垠的天体、星云，到踪迹罕至的电子、质子，从质量能量守恒定律 $E=mc^2$，到动植物生命DNA序列的ATCG碱基，无处不是充满精确复杂的规律和法则，无时无刻不在彰显着创造者的智慧和能力。

这第二本书是人类历史上所有文字出版物中发行量最大、世界历史上畅销书之首、拥有的读者是古今中外任何名著都无法比拟的新旧约圣经。圣经不仅用我们人类所能明白的语言文字明确宣示了宇宙的创造、万物的起源、生命的产生、人类的状况、世界的结局和人类的归宿；圣经更是宣告了上帝就是这位创造者和所有者，和祂的神圣属性。圣经不但叙述我们物质世界的事，也揭示一个我们肉眼所看不到世界里的事（用人类科学术语说就是更高维度空间的事情）；圣经还叙述了上帝创造我们人类的目的，我们人类是怎样偏离这个目的和祂要怎样将人类带回到起初创造的光景，而这个过程今天仍在继续。那么，圣经到底是一本怎样的书呢？

圣　经

圣经共66卷书，其中旧约39卷和新约27卷。圣经的写作时间从公元前约1500年至公元后90年左右，经历一千六百多年的时间。其作者有四十多位，分别是君王，政治家，祭司，哲学家，牧羊人，法律家，税史，医生，还有渔夫等人物。这些作者的地位，学问，性情，风俗，习惯和生活的环境都是完全不同的。他们有的写作了一卷，有的写了数卷，当后人在几个历史时期，将这些书卷合编，就有了旧约和新约全书，合在一起就是圣经这本宝贵的书。

从圣经开编的创世记前两章，讲世界的来历，动植物的被造和人类的被造；到圣经结束在启示录，讲世界的结局，人类将来会如何；圣经各卷书前后一致和连贯性说明上帝把所要说的话，安放在人类作者的心里，作者并非失掉了自己的意识，而是结合其背景和生活的环境，在上帝的启示下，写出上帝默示的话语。在圣经中反复出现这是上帝说的话；在新约提摩太后书3章16-17节更是明确说明圣经传递了上帝的启示和启示的目的：<u>圣经都是上帝所默示的，于教训、督责、使人归正、教导人学义，都是有益的。叫属神的人得以完全，预备行各样的善事。</u>这些都指明圣经的实际作者就是上帝自己，是上帝默示人类作者，用人类的语言，包括亚兰文、希伯来文和希腊文，写成人类可以理解的文字。

2019年的统计完整的新旧约圣经已被翻译成698种文字，另外部分圣经书卷已有超过3384种文字，这几乎涵盖了全世界所有民族的语言和地区方言，而且这两个数字还在逐年增加。从圣经的普及和广传，我们也可以看到这非人手所为，乃是上帝的作为。圣经启示上帝不会偏待人，在祂眼中人人都是平等的，祂愿所有的人类，不分民族，不分语言，都能够通过圣经来认识祂，相信祂，并且归回到祂的"家中"。

虽然圣经所有的书卷是3500－2000多年前写成，用当时人类所能明白的话语启示给人类；虽然圣经中有许许多多的记载和描述，在一个世纪前可能认为是天方夜谭，今天，现代物理学、生命科学和考古学研究和探索逐步表明圣经关于历史及科学的记载和描述是真实无误的，没有一件事与迄今人类的知识有所抵触，也没有一个细节我们能证明是错误的。

有人说：除非证明上帝的存在，证明圣经的作者是上帝，我才能相信圣经的真实性。殊不知我们人类是在空间和时间维度里，就是研究空间和时间其结果也必然受到我们自身主观意识的影响，科学研究方法的客观性首先就存在质疑。借前面盲人摸象的比喻，我们也可以将宇宙比喻为一个大大的盒子，我们都在盒子里面。我们对盒子里面的状态，盒子的形态可以进行各种测量和观察、提出各样的假设并求证，但要知道盒子里面的真实情况，盒子的真实形态，只有在盒子以外才能了解。但我们人类是困在盒子里面的，我们不可能到盒子外面，我们也就不可能完全准确地知道盒子的真实情况，我们更不可能知道盒子外面的情况。上帝是空间和时间的创造者，祂必然在我们人类的空间和时间维度之外，上帝也就不是我们人类可以证明出来的。我们只能凭着自然与生命和圣经这两本书的启示领受，只能凭着我们里面的信心接受。

人工智能机器的启示

在深入探讨圣经中创造者给我们的启示之前，我们先来看看人类会给予工智能机器人什么样的启示。我们假想一个场景，未来人类的太空飞船可以接近光速飞行，人类将一批生产好但未激活的人工智能机器人送到距离太阳系大约8.26光年的恒星拉兰德21185星系中的一颗行星上，并在太空飞船到达行星后自动通电激活，让机器人的意识觉醒。这些人工智能机器人面对的是一个适合她们生活的生态环境，拉兰德21185的辐射光能量通过机器人身上的高效光电转换器提供所需的"食物"，维持自身的运行工作和活动。（实在是非常纠结用它们、他们、还是她们，也许要创造一个新字了。）过不了多久这些智能机器人也许会发展她们的天文学、历史、哲学、艺术；也许有一天，因着她们身体的原因，她们会发展医学，解剖她们的身体，看到各种连接结构，传动零件，传感器、电子零件、计算机芯片，电池；她们也许会研究她们体内的计算机操作系统，研究各段计算机代码对应的功能，破解她们的"基因代码"；她们会发现"基因代码"是由"0"和"1"组成，代码的长度可以绕所居住的行星几圈；因着没有在体内发现意识产生的机制，她们会剖析固态存储器，研究到存储单元，发现"神经元轴突"- PN节的基础结构，发现意识是大量"神经元"存储单元内的数据的协同活动。当她们仰望满天的星辰，她们会思考她们从哪里来？为什么会这样？她们的将来会怎样？

我们人类作为人工智能机器人创造者，我们今天在创造她们，设计她们，制造她们时会做什么呢？首先，人类会赋予人工智能机器人完美的体型，强壮的身体，这一点人类已经基本实现，如美国波士顿Boston Dynamics公司开发的搜救机器人；

其次，我们会赋予她们智力，具有感知、交流、认知、推理、学习、决策能力，如前文谈到的人工智能围棋软件阿尔法狗，英国早间新闻节目中谈笑风生的机器人索菲亚，无人驾驶汽车等等，这些是弱人工智能的功能，已经部分实现；最后，我们会将人类规范的价值观、伦理道德、法律和我们所认为的意识嵌入人工智能程序底层，这些是强人工智能的功能，在2017年1月美国加利福尼亚州的阿西洛马举行的Beneficial AI会议上，844名人工智能和机器人领域的专家已经达成共识，签署了《阿西洛马人工智能23条原则》[1]，并呼吁全世界在发展人工智能的同时严格遵守这些原则，以保障人类未来的伦理、利益和安全。总之，我们高度文明智慧的人类不会在创造了人工智能机器人后就任其发展，必定会给她们一本"圣经"告诉她们是从哪里来的，为什么人类会创造她们；必定会将人类的美好意愿放在她们的意识中，让她们在机器人世界中和平、健康、幸福地享受生活。同样的，我们人类的创造者也会这样做，并且已经做成了一切。

创造者自己的启示

从起初创造天地，日月星辰，植物动物，到我们人类，这一切都是上帝的工作。因着祂宝爱祂的创造之工，特别是宝爱我们人类，上帝将祂的创造都陈明在圣经里，祂也用自然的奇妙美景，天体运行的严谨规律，动植物生命的精细构造，向我们显明祂的创造。这正如罗马书第1章19-20节说的：**上帝的事情，人所能知道的，原显明在人心里，因为上帝已经给他们显**

---

[1] 《阿西洛马人工智能23条原则》（Asilomar AI Principles）包括研究问题，道德标准和价值观念三个方面，2017年1月。

明。**自从造天地以来，上帝的永能和神性是明明可知的，虽是眼不能见，但借着所造之物就可以晓得，叫人无可推诿。**

圣经用我们人类所能理解的名字来启示上帝是怎样的一位，其中"耶和华"（Jehovah）在整本旧约圣经中，共出现6,823次。"耶和华"在希伯来文圣经原文中对应的是"Yahweh"，Yahweh的字根意思是"hayah"意即存在或成事。当圣经人物摩西问上帝的名字时，上帝告诉他说：**我是那我是。**（I AM WHO I AM. 出埃及记3章14节）这就暗示我们人类，人类的语言无论用什么字，无论怎样描述都不能表达我们所能理解的上帝。"我是"指明上帝是自有永有的一位，祂的存在不倚靠自己以外的任何事物。

宇宙和生命的创造

圣经开编第一句话：**起初上帝创造天地**，这是一个句既庄严、又简洁的宣告，宣告宇宙、天地的开始，宣告时间的开始。这一句话告诉我们宇宙起源的第一因是上帝的创造，而因着是上帝的创造，宇宙才得以产生、宇宙的次序才得以维持。今天，我们探索这样一个宏伟壮观的宇宙，看到一切都是那么井然有序，从创造的角度接受宇宙起源的第一因是上帝的创造就是那么的顺理成章，这比相信大爆炸可以随机产生一个有序的宇宙要容易得多。圣经开编第一句话：**起初上帝创造天地，**是我们人类信仰的起点。

接下来，圣经描述了上帝六日的创造，上帝顺序地创造了光、天地、植物、太阳、月亮、星星、动物和人类。在希伯来原文旧约圣经中，这里的"日"或"天"用的字是"yôm"，意思可以合理地理解为一段时间。因此，对于圣经描述上帝六日的创造，我们可以确信上帝按照祂所确定的创造时间，顺序地完成了创造，给人类一个完全适宜居住和丰富食物供给的伊甸园。至于，上帝是如何创造的，准确用了多久的时间，就不是我们人类的小脑袋可以想象的了。

在圣经中上帝创造人类有非常独特的描写，创世记第1章26 - 27节：**上帝说，我们要照着我们的形像，按着我们的样式造人，使他们管理海里的鱼、空中的鸟、地上的牲畜和全地，并地上所爬的一切昆虫。神就照着自己的形像造人，乃是照着祂的形像造男造女。**这两节圣经将人类的被造与其它动物的被造区别开来，在创造鸟类、牲畜和动物时，圣经简单地描述为**各从其类**，而对于人的被造，圣经强调是按照上帝的形像来创造的，这表明我们人类是具有创造者上帝的形像和特征的。然而，我们必须明白，从上面的叙述知道，上帝创造了我们这个宇宙、这个世界，祂必然是独立于我们这个三维空间和时间的，祂的形象同样也就不是我们人类可以用我们的小脑袋思想出来的。在整本圣经中我们看到上帝禁止我们人类打造任何偶像，也禁止我们用某种实物来代表祂，禁止对实物敬拜，就是这个道理。这两节圣经所说的形像和样式是让我们人类理解我们有创造者的权柄，我们在这个世界里代表上帝，行使管理的权利，对全地和海里的鱼、空中的鸟、地上的牲畜，并地上所爬的一切昆虫实施管理。这是上帝创造人类的目的，也是我们人类存在的目的。在下面我进一步谈到生命的本质时，读者会进一步理解到这里所说的形像和样式不仅是指外在表征的权柄，还是指内在的属性，那就是上帝的智慧、圣洁、公义、正直、慈爱、诚实、良善等等属性，在我们人性里面的蕴含。

在创世记第1章中，我们看到上帝在完成了天地和动植物的创造后，反复用了六次**上帝看着是好的**这句话；在完成了一个完美的生态环境（伊甸园）创造，人类的创造和将人类安置其中后，用了**上帝看着一切所造的都甚好**。这表明上帝对祂的创造是非常认真的、严肃的，不是随兴而造，祂是在很详细地规划后才有条不紊地创造，每一个创造的完成都达到了创造的目的。上帝也喜悦祂每一个创造的完成，特别喜悦的是人类的创造，在第七日祂歇息了祂的创造工作。

人类生命的体、灵、魂

在创世记第1章给出了创造的大画面后，创世记第2章进入到上帝创造人类细节的描述。创世记第2章7节：**耶和华上帝用地上的尘土造人，将生气吹在他鼻孔里，他就成了有灵的活人，名叫亚当**。后半句按希伯来文圣经原文可直译为…**将生命之气吹在他的鼻孔里，人就成了一个活的魂**。

体 — 地上的尘土

记得在我1985年第1次拿到圣经（New American Standard Bible）时，兴致勃勃地翻开就读，在这一节经文之前的内容虽然不是很明白，但都还可以接受，但用地上的尘土造人这一句对于我这个有理工科背景，又学了点医学和生物学的学生来说，完全不能接受。无论是从力学的结构设计，还是从医学的组织解剖和生物学的细胞蛋白，尘土都是不可能构造人体的结构。因着这一点，这本圣经被搁置书架12年，直到1997年随着我带来美国。现在回想起来，我是何等的固执，殊不知圣经创世记写于3500多年前，当时即没有物理力学，也没有解剖医学，更没有生物学，但将人体内所有的元素加以分析，这些元

素是碳、氧、氢、氮、硫、磷、钠、钾、氯、钙和铁，没有一
样不是尘土中的元素。圣经对人身体创造的描写即符合当时人
类的认知，也适合现代医学和生物学对人体的认识。而"造"这
个字，希伯来原文用的是"yasar"，表达组成或塑造的意思，这
就好比说陶匠用陶土塑造器皿，可见圣经启示的意思是人类的
身体是创造者上帝用身体所必需的元素、精心设计、亲手制作
的杰作。圣经给这第一个人取名为亚当（Adam），希伯来原
文的意思是红土，也进一步表明人的身体是由尘土所造。

灵 — 生命之气

　　有了身体的亚当，也许有心跳和呼吸，也许能吃、能喝、
能动，和其它动物一样，但在上帝的工作中，人的创造还没有
完成；在上帝的眼中，亚当还不是一个活人。我们接下去看到
上帝将祂的生气，也就是**生命之气**，吹到亚当的鼻孔里，他才
成为有生气的活人。生气或生命之气在旧约希伯来文用词是
nesha·mah'，英文译作Spirit，意思是灵。活人在希伯来文用
词是ne'phesh，英文译作living being或living soul，字面意思可
以译做活物或活魂。这段圣经启示对人的创造过程在上帝创造
动物时是没有描述的，人是有了灵才成为一个活人。人的灵是
从上帝吹的生命之气而来，这一方面说明人的生命中包含上帝
的一些可传递的生命属性和特质，这也就进一步表达在创世记
第1章26节说的人的受造是照着上帝的形像和样式；另一方面
说明人的灵既具有上帝可传递的生命属性就具有与上帝交流
（fellowship）的功能。

魂 — 一个活的魂

　　这样有身体和有灵的人成了一个活人。这个活人不仅仅身
体会活动，而且会笑、会哭、会忧愁、能思考。这些心思、情

感和意念的活动就体现在他的魂上。我们看到圣经在称到人时用魂，可见一个人如何，就是看他的魂如何，魂是人意识的表达。这个有灵的活人就是一个具有自我意识的人，活的魂就表明一个人的意识和人格特征。

至此，我们从创世记第2章第7节看到人的生命有灵、魂、体三部分，人的身体是上帝所造，用于接触物质世界；人的灵是上帝施加给人的生命气息，使人有上帝可传递的属性和特质，及与上帝交流的能力；人的魂是人的身体在上帝施加的生命气息作用下产生，使人有的意识。而魂是如何产生，构成人的意识，在圣经中没有告诉或启示给人类。我们可以用一个发光的电灯来理解灵、魂、体三者的关系：灯泡好比是身体，电好比是灵，而灯泡的发光就好比是魂的表现。灯泡因通电发出光来，身体因有了灵才表现出意识和人格特征 。在下面的章节中我将从生物学的角度探讨这三者的关系和表现。

灵、魂、体，与灵魂、体

圣经新约帖撒罗尼迦前书第5章23节说：**愿赐平安的神亲自使你们全然成圣！又愿你们的灵与魂与身子得蒙保守，在我们主耶稣基督降临的时候，完全无可指摘！**这段圣经和创世记第2章第7节都清楚地告诉我们人的生命是由身体、灵和魂三个部分构成，这样看待生命是三元论（trichotomy）的观点。

另有一个观点则是二元论（dichotomy），认为人生命中灵和魂是不可分的，这样人的生命就是由身体和灵魂两个部分构成，这与哲学中说的物质和精神（意识）两个独立本原有某些类同。在圣经中也有许多经文谈到人的生命用"灵魂"两个字来表述，如：约伯记第33章28节：**上帝救赎我的灵魂免入深坑；我的生命也必见光。**列王记上第17章21-22节：**以利亚三次伏在**

孩子的身上，求告耶和华说：「耶和华，我的上帝啊，求你使这孩子的灵魂仍入他的身体！」耶和华应允以利亚的话，孩子的灵魂仍入他的身体，他就活了。

无论持守三元论或二元论的观点，对于人类生命的组成部分，物质的身体部分和精神的灵魂部分都至关重要，都是人类受造之初上帝所创造的和上帝所赐予的。创世记第2章7节给我们的启示是第一个受造的亚当是一位身体和灵魂合一的人，身体因灵魂的存在而成为一个活人，今天，你我和亚当是一样的。

从创造的角度认识生命的本质

在第3章对生命的讨论中，我暂时将生命的本质解释为每个生命个体的自我意识；现在我们从创造的角度来看，圣经是怎样启示生命和人类生命的本质。

首先、灵魂生命不是所谓的精神而是一种物质形态。从上帝而出的生气，通过吹到亚当的鼻孔里，施加到亚当的身体内，他就成了有灵的活人（魂），显然这个生气是带有能量的粒子。质能转换定律告诉我们，对一个封闭系统来说，系统获得能量时，其质量也相应地增加。这样，从上帝而出的生气，带着能量和有质量的粒子，施加在亚当的身体内，产生的人类灵魂就一定是有质量的物质形态，与物质的身体合而为一，成为一个特定人格有意识的生命体。那么，灵魂也就不是非物质的形态，不是与物质相对的精神本原，而是一种形态的物质。

其次、灵魂生命可与物质的身体生命一同存在，也可独立于物质的身体生命而存在。从创世记2章7节我们看到人物质的身体生命受造后，在接受了从上帝吹的生命之气后，人成为有灵的活人（魂），因此物质的生命身体就如同一个接受的器官，一个载体，用来接受从上帝而出的生命之气。在接受生命之气前，圣经没有说这个人是活人，是有生命的人。因此，人类生命的实质是在接受了上帝可传递的生命之气后有的灵魂，物质身体是其次的。圣经在详细描述了人类生命的创造之后，后面的经文不断启示灵魂是生命的实质，灵魂与身体的关系，如：约伯记第19章26节：**我这皮肉灭绝之后，我必在肉体之外得见上帝**。约伯当时正处在悲惨困厄的境况中，他认为他受到的苦难、灾祸和打击与他的行为无关，时间必能证明他的无辜和他的清白。他相信坟墓不是人生命的终点，纵使他的身体死了，在坟墓内腐坏灭亡了，他的灵魂将必会看见上帝。又如，马太福音第10章28节：**那杀身体、不能杀灵魂的，不要怕他们；惟有能把身体和灵魂都灭在地狱里的，正要怕他**。这段圣经告诉我们，身体的被杀和死亡对人的生命而言只是暂时的停止，世界上没有任何人或事物可以触及到人的灵魂生命；惟有上帝，祂即是我们身体的创造者，又是我们灵魂的赐予者，祂对我们的身体和灵魂有完全的主权；祂必将审判我们每一个人，那时如果身体和灵魂都灭在地狱里就是永远的死亡，这是我们人类当害怕战惊的事情。

　　圣经还给我们看见灵魂不仅在我们活着的时候在身体里，而且也在身体死亡后，能够在身体之外继续有知觉地活动。一个典型的事例是在路加福音23章描述耶稣被钉在十字架上，虽然耶稣和他边上的另一个被钉的强盗身体都快要死亡，因着那个强盗央求耶稣记念他说的话，耶稣告诉强盗说：**今日你同我在乐园里了。**（路加福音第23章42节）

　　第三、亚当之后人类灵魂生命是随着物质的身体生命一同出生，随着身体生命一同成长成熟。我们从分子生物学、基因学、细胞生物学等等现代生命科学，窥见了上帝是如何通过创造DNA序列而创造植物、动物和我们人类的物质身体；从创世记第2章21－22节，我们也看到，夏娃是上帝从亚当的肋骨创造的，被称为骨中的骨，肉中的肉；我们可以从科学合理地推断，夏娃是上帝提取亚当肋骨中的细胞，改变细胞核中DNA序列中与性别和激素相关的基因组，而创造了人类女性。圣经没有告诉我们，上帝是否也吹生命之气到夏娃的鼻孔里；圣经告诉我们，上帝完成了夏娃的创造之后，有了身体和灵魂的夏娃被带到亚当的面前。圣经没有告诉我们，上帝是否对亚当和夏娃之后出生的人类吹生命之气；圣经告诉我们，从亚当和夏娃之后的人类都是有灵、有魂、有体的活人。这样，我们可以合理推论上帝在创造了亚当的身体，并吹生命之气到亚当的鼻孔里之后，亚当的生命中就有了身体生命和灵魂生命的信息，通过肋骨中的细胞传给了夏娃，通过生育的方式以遗传物质DNA序列的形式传给他们的后代，也传承到今天的人类；灵魂生命是随着物质身体生命一同出生，来到这个世界，也随着物质身体生命的成长一同成长、成熟，并丰满。

　　最后、圣经告诉我们，每个人的生命信息从在母腹中开始直到死亡都记录在案。在诗篇第139篇13节至16节讲到：**我的肺腑是你所造的。我在母腹中，你已覆庇我。… 那时，我的形体并不向你隐藏。我未成形的体质，你的眼早已看见了。你所定的日子，我尚未度一日，你都写在你的册上了。**这是距今约3000年以色列君王大卫写的诗篇，描述了人类在母腹中，即使是尚未长成胎儿的形状，上帝都认识每一个人，并且记录了每个人的生命信息。

启示录第20章12节进一步告诉人类：**我又看见死了的人，无论大小，都站在宝座前。案卷展开了，并且另有一卷展开，就是生命册。死了的人都凭着这些案卷所记载的，照他们所行的受审判。**这是末世审判的情景，死去了的人以具有生前生命意识的形式存在，站在上帝的宝座前，按记载在生命案卷上每个人的所作所为接受上帝的审判。

这样看来之前将生命的本质解释为每个生命体的自我意识是不完全的。对于动物而言我们可以说其生命的本质是自我意识；而对于人类，意识只是人的大脑对自我本体和对客观物质世界的反映，是感觉、思维等各种心理过程的总和，意识就只是灵魂生命的一部分，不是灵魂生命的全部，也就不是人类生命的本质。

从创造的角度和圣经的启示，我们可以得出人类生命的本质是在上帝手中我们每个人的生命案卷，我们每个人的生命，包括身体生命，灵魂生命和人生的经历，都是以信息的形式记录在生命案卷上。生命案卷上的信息开始于我们每个生命个体之初受精卵细胞核中所独特的DNA序列，记载了我们每个个体身体生命的形态结构，记载了我们每个个体灵魂生命的意识和人格特质，记载了身体生命和灵魂生命成长和成熟的过程；还记载了我们每个个体生命一生的经历和行为。

上帝以祂对我们每个人生命的主权，按生命案卷上我们每个人生前的生命信息复活我们每个人；上帝也以祂的公义和怜悯，按生命案卷上我们每个人生前所作所为的信息审判我们每个人。我们每个人抑或复活得到永远的生命，抑或复活承受永远的死亡；主权在上帝的手中，每个复活得到永远生命的人都是记载在生命册上的人；但选择权在我们每个人的生命中，我们每个人如何用自己的自由意识所活出的生命书写生命案卷上生命的信息。

从受造的角度看人类生命的本性和本能

在世界万物中，只有人类是按照上帝的形象被造的，我们有创造者的尊容，这是何等的荣耀和尊贵。前面谈到上帝是物质世界的创造者，祂的形象就不是在物质世界中的人类可以理解，人类具有上帝的形象和样式表示人类外在有上帝的权柄，人类内在生命中包含一些上帝可传递给人类的属性和与上帝交流的能力；同时，因着被造的人类与上帝之间的关系，在人类生命中也形成了某些特质和本能。

德性方面

人有内在的是非感和正义感，这是一个人不受心思、意念、情感、知识等的影响而存在的分别是非的素质；这是一个人在夜深人静的时候，心灵深处的自责活动；这也就是我们常说的良心。圣经启示上帝是公义的，祂创造我们人类时，也将公义之心放在我们灵魂中，成为我们做人的基本道德底线 ——良心。也许读者会问在人类历史和当今社会中，为什么有触及做人基本道德底线的事情发生？为什么有人做亏心事？究其原因除了强烈的情感压抑了良心，如复仇，更重要的因素就是人有了罪的本性。这一点我会在下面的章节中继续探讨。

在《圣经》中我们可以看到有许多关于良心的启示，如申命记第2章30节；诗篇第34篇18节；约翰福音第13章21节；使徒行传第17章16节；罗马书第8章15—16节；哥林多前书第5章3

节；哥林多后书第2章13节；提摩太后书第1章7节等：诗篇第51篇10节是常常引用的一节圣经：**神啊！求祢为我造清洁的心，使我里面重新有正直的灵。**

理性方面

我们人具有审慎思考的能力，以判断、分析、综合、推理、比较和计算等方式，认识事物，获得结论，提出解决问题的方案，这是人类智力和智慧的表现，也是人类寻求真理的能力。动物或多或少展示出一定程度的分析判断智能，如走出迷宫，规划路线，但我们从未看到人类的宠物喵星人（猫）和旺星人（狗）聚在一起探讨生活问题，更不用说生命问题。

人类的理性源于上帝，创世记第1章26节上帝宣告创造人类的目的，赋予人类理性管理海洋、空中和全地。在创世记第2章中，我们也看到亚当藉着理性在修理看守上帝的伊甸园，给其中一切牲畜、空中飞鸟和走兽起名字。上帝把理性放在人里面，使人与上帝之间有一种动物无法分享的亲密关系，使人可以参与到上帝在创造界的管理之中，也使人可以认识上帝隐藏于大自然的规律，认识在万物中所彰显上帝奥妙的智慧。

《圣经》中有许多关于上帝和人类理性和智慧的根据，如箴言第2章10节：**智慧必入你心，你的灵要以知识为美。** 再如第3章第19-21节：**耶和华以智慧立地，以聪明定天，以知识使深渊裂开，使天空滴下甘露。我儿，要谨守真智慧和谋略，不可使她离开你的眼目。**

感性方面

感性是人的喜、怒、哀、乐等七情六欲表达。从婴儿出生后就会哭闹和嬉笑，可知感性是人生而俱有的情感本能。哺乳类动物也有类似人类的情感表达，它们在获得食物后会表达快乐和满足，在做错事后表达害怕，对别的动物进入自己的势力范围时表达愤怒。从人类的宠物喵星人和旺星人与人类的情感互动，我们都可以感受到动物的感性。中国成语：羔羊跪乳，乌鸦反哺，也表达了动物对哺育之恩的报答情感。当然，我们完全可以肯定人类情感的复杂性和程度远非动物可以比拟。

圣经启示上帝具有丰富的情感，在创世记开篇描述前五天上帝完成每天的创造后都用**上帝看着是好的**结束；在第六天完成了人的创造后，用了**上帝看着一切所造的都是甚好**；这些字里行间表达了上帝在完成创造后那种愉悦的心情，祂是何等的喜悦祂创造完成的创造界和人类。圣经里有许多描述上帝情感的经文，如喜乐、担忧、发怒、喜爱、恨恶等等；也有许多经文表达上帝爱憎分明的属性，如，箴言第12章22节：**说谎言的嘴为耶和华所憎恶；行事诚实的，为他所喜悦。**何西阿书第6章6节：**我喜爱良善，不喜爱祭祀。**箴言第15章8-9节：**恶人献祭，为耶和华所憎恶；正直人祈祷，为他所喜悦。恶人的道路，为耶和华所憎恶；追求公义的，为他所喜爱。**我们需要明白的是上帝的情感并非是我们可以完全理解的，或者说不能用人类的语言准确地来描述，如，创世记第6章5-6节：**耶和华见人在地上罪恶很大，终日所思想的都是恶。耶和华就后悔造人在地上，心中忧伤。**什么意思呢？是不是上帝悔不当初造人呢？祂后悔是不是因为祂开始不知道人类会堕落到那么坏呢？当然不是，上帝是全知全能的，并且祂的旨意是不改变的，圣经也清楚陈明上帝永不后悔。圣经上对上帝的情感是从我们人可以理解的角度来描写，用拟人手法来形容。耶和华后悔，表达的是祂悲伤至极的情绪。再如，圣经里有许多描述上帝的爱，但当我们用我们生活中对爱的理解来对照圣经中上帝的爱，我们会发现这两种爱不是完全一样的。我们生活中的爱是我们一种情感，一种深厚真挚的感情；圣经中说到上帝的爱是表达上帝的一种情感，更是上帝的一种属性，在约翰一书中多次直接说到**上帝就是爱**。关于人的爱与上帝的爱，在第9章中将会更深入地讨论。

语言方面

　　语言是人类有别于任何动物的本能，语言文字也是人类文明的一个主要标志，但语言文字的起源是伤透人类学家和语言学家脑筋的一大难题，一直是一个未解之迷。学者们提出了两类假设理论：连续性假说和非连续性假说。连续性假说认为语言是由人类灵长类祖先的叫声中进化演变而来；非连续性假说则认为语言只能是在人类演化历程中的某一时间点上突然出现的。从现今灵长类动物仍然在丛林中哇哇叫，连续性进化演变假说显然是不成立的。而证明非连续性假说正确的难点在于这突然出现的语言能力必须是在某些灵长类动物身上同时发生的。语言学家乔姆斯基[2]说这只能是一个神话故事：很久以前一群灵长类动物在到处闲逛，突然间，或许是在奇异的宇宙射线的辐射后，产生了一些随机基因突变，重组了这群灵长类动物的大脑，就将一个语言器官植入其中。他说，不应该仅仅按字面意思来理解这个神话故事，不过这个神话故事可能是更接近于事实的语言起源。

---

[2] 艾弗拉姆·诺姆·乔姆斯基（Avram Noam Chomsky，1928 -）美国语言学家、哲学家、认识学家、逻辑学家、政治评论家，麻省理工学院语言学的荣誉退休教授。他说的神话记载在他的著作《语言的体系结构》（The Architecture of Language）牛津大学出版社，2000.

从创造的角度看，人类语言的诞生就完全不是难题，是上帝在亚当生命的DNA序列中编码了语言功能的基因组。创世记第二章说，在上帝创造了亚当之后，就派亚当看守伊甸园，当时园里的各种飞禽走兽，都没有名字，上帝就叫它们走到亚当面前，亚当叫它们什么，就算它们的名字。可见，语言是人类生命的本能。在大洪水之后，人类开始建筑巴别塔，想要做到塔顶冲天，上帝即刻变乱了人类的语言，使人类停止建筑巴别塔。从此，不同语言的人类开始分隔居住，形成了不同的语言和种族，这些记载在创世记第11章。

圣经描写亚当和夏娃与上帝有面对面的交流，在芸芸众生中，除了摩西、撒母耳、以利亚等等先知与上帝有对话交流，没有人见过上帝，又是如何与上帝交流呢？从创世记第2章7节描述亚当的受造，我们看到人的灵是上帝在当初造人时所赋予的。圣经启示，上帝虽然可以介入到我们的物质世界，但上帝的存在不在我们的物质世界里，祂存在的属性是灵（约翰福音第4章24节）。因此，受造的人类与创造者上帝就不仅在语言上可以交流，而且被赋予灵性的人类和是灵的上帝在灵性上（或说心灵、思想上）可以交通（fellowship）。

崇拜方面

崇拜活动是人类社会中的一个普遍现象。当今世界，无论是教堂、清真寺和庙宇，还是象征性的符号，比比皆是。考古发现，南美秘鲁的安第斯山区的查文人在公元前1000多年就有对美洲虎、鹰和蛇之类动物的崇拜；北非古城迦太基的迦太基人在公元前300多年有对太阳的崇拜。在中国民间供奉的神明更是多种多样，如常听到的：财神、门神、灶神、土地神，还有井神、中溜神以及厕神等等家宅六神。在美国亚利桑那州北部的大峡谷，壮丽的地质景观会让你感叹大自然的鬼斧神工，同时会让你感到惊讶的是用埃及、希腊和罗马神话中众神命名的神庙山峰，用印度的佛像寺庙和波斯琐罗亚斯德寺（Persian Zoroaster），以及用中国先圣孔子和孟子的寺庙命名的山峰。可以说只要有人的地方就有偶像和崇拜，文明野蛮、进步落后、今代古代，莫不相同。但在动物界却没有类似的例子，你决不会看到猿或猴子有拜祖宗和偶像的行为。

心灵崇拜或宗教敬拜是人类所特有的本能。弗洛伊德[3]在他的《图腾与禁忌》一书中，将这种心灵崇拜本能的根源归结为恋父情结（fathercomplex），认为这是人类孱弱无助的心理反应。其实，我们把弗洛伊德从个例中得出的恋父情结理解为全人类与天父上帝关系的普遍现象，人类心灵崇拜或宗教敬拜本能的根源就显而易见了。在创世之初，人类和上帝有着亲密的关系，在语言和灵性上可以相互交流，在这样的交往中人和上帝都得着满足。但后来这种亲密的关系破裂了，相互交往隔断了（在下面一章将探讨这个话题），人得不到这样的交流和交通，得不到心灵上的满足。在人不认识人类和自然的创造者上帝之后，人就从自然环境中，从生活经验中提取一些事物来崇拜，从雕刻一根木头，到打造各式偶像，满足自己心灵的空虚。同时，人类和上帝相互交往的隔断，就如同人离开了家，没有了心灵的归属感；就如同人四处流浪，没有了生活的安全感，弗洛伊德说的人类孱弱无助心理反应也就必然而生。人类

---

[3] 西格蒙德·弗洛伊德（Sigmund Freud，1856 - 1939年）奥地利精神病医师、心理学家、精神分析学派创始人。1899年出版《梦的解析》，被认为是精神分析心理学的创立。

心灵崇拜的本能和宗教敬拜的根源不是恋父情结，而是与天父
上帝的情结，是人类心灵空虚的满足和人类灵性归属的渴望。
创造性方面

在之前很长一段时间，人们认为人和动物最大的区别在于
是否会制造和使用工具，但后来动物学家发现，黑猩猩会把枝
条修理整齐取食白蚁、猴子会用石头砸开坚果、小狗也会衔着
篮子携带物品等等，制造和使用工具不是人和动物根本的区
别。然而，在创造性方面，人与动物的绝对区别就无可争议
了，人类在科学、艺术、文学、音乐和技术等等方面有目的的
创造、发明、设计、创作不是任何动物可以比拟的。上帝是伟
大的创造者，祂赋予人类的生命也具有创造性，这是从亚当开
始的人类与生俱来的独特性质。

上帝的属性和形像

圣经启示上帝的属性有上帝是灵，无限无量，无始无终，
永不改变；这些属性对于我们人类无法完全领悟。圣经还启示
上帝的属性是智慧、权能、圣洁、公义、慈爱、良善、怜悯、
诚实，这些属性是我们人类可以理解，并人类生命的本性和本
能中或多或少有所反映。加尔文[4]在《基督教要义》中论到这一
点时说："人是上帝的公义、智慧和良善的最高贵、最显著的
样本。"人具有上帝形像和上帝可传递给人类的生命属性和品
格是人生命的尊贵。如果把人视为动物中的高级动物，这实在
是人对自身生命的藐视和侮辱；而认为人类是从灵长类动物辕
进化而来，那更是自轻自贱和无知。

---

[4] 约翰·加尔文（Jean Calvin，1509 - 1564年）法国与瑞士著名的律
师、牧师、宗教改革时代神学家。

人具有上帝的形像和样式使人非常容易联想到上帝也有身体。在人类的艺术作品中，如雕塑、绘画，有很多这样的呈现。最为著名的当属文艺复兴时期1508年雕刻家米开朗基罗[5]在梵蒂冈西斯汀教堂顶部的《创世记》壁画。画面中最引人瞩目的是拟人化老人形像的上帝，在众天使的扶拥下飞来，将无限力量的手伸向亚当。而亚当斜躺着的健美体格和下垂着的左手表达了身体生命刚刚被创造，而意识还没有完全觉醒。画面中心两个手指的间隙，让人想象当上帝的手指触到亚当的手指，刹那亚当获得生命的力量。米开朗基罗的创作所表达的就是上帝与人之间的这种关系。

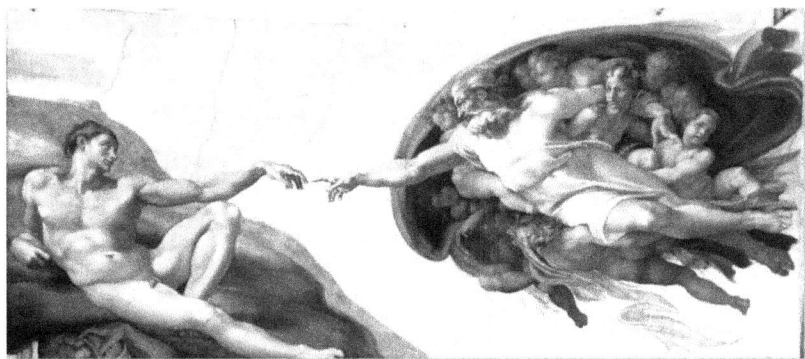

在圣经中也用拟人的方法来描述上帝的感觉、情感和与人的交流，如，在旧约圣经中有许多处用耶和华说传递上帝和人说话的内容，还有上帝可以听见、看见、闻到，上帝可以使用肢体来做出动作。 这样的描述实际上是帮助我们人来理解上帝的作为，我们不应该以为人具有上帝的形象和样式那么上帝也

---

[5] 米开朗基罗（Michelangelo di Lodovico Buonarroti Simoni， 1475 - 1564年）意大利文艺复兴时期杰出的雕塑家、建筑师、画家和诗人。

有物质的身体。圣经上明确指出上帝是灵，并且是全能的、全智的，当然祂就能用我们人类相同的感觉和我们人类不知道的感觉来感受我们的物质世界，祂也能以任何方式干预物质世界。

圣经上也明确定规人类必须离弃偶像，就是任何以上帝之名设立的任何雕塑、绘画、符号成为崇拜的对象也都是偶像。任何人类的作品，都不能代表上帝；用受造界宇宙中的任何东西来表征上帝都是对祂的歪曲和贬低，羞辱和亵渎。上帝仅仅要求人类在心灵和诚实中敬拜祂（约翰福音第4章23节），在祷告中与祂对话交通。

伊甸园里的故事

至此，我们看到人类是上帝所造，并赐予了智慧、圣洁、公义、正直、慈爱、良善、诚实等生命的品格，居住在上帝建造的伊甸园中。"伊甸"这个词的圣经旧约希伯来文意思是幸福、圆满和快乐。在园子里，人可以无忧无虑、快乐幸福地生活，从事上帝所委派的工作，管理园子，看守动物，并生养儿女。然而，在伊甸园里发生了一件世世代代影响我们人类、影响我们生命、影响我们幸福的事情：在园子当中上帝放置了一棵分辨善恶的树，上帝吩咐亚当说，**园中各样树上的果子，你可以随意吃；只是分别善恶树上的果子，你不可吃，因为你吃的日子必定死。**（创世记第2章16-17节）在蛇（撒但）的引诱下，亚当和夏娃走向那棵树，伸出手摘下了那树上的果子，并吃了。凭借上帝赋予的自由意识，人类做出了自己的选择，选择了分别善恶树，选择了违背创造者的命令，似乎人类从此有了分辨善恶的能力，从此告别蒙昧，然而结果却恰恰相反。

　　保罗·高更[6]在1897年完成了他创作生涯中最大的一幅油画：《我们从哪里来？我们是谁？我们往哪里去？》，该幅油画现收藏于美国波士顿美术馆。该画以位于南太平洋塔希提海岛（Tahiti，又译大溪地）的风光为背景创作。该岛四季温暖如春、物产丰富，被认为是"最接近天堂的地方"。画面最右边有一个出生不久的新生命婴儿，最左边有一个行将木就的老人，由右至左，高更用画面上的人物以各自方式向我们展现了人生的不同阶段和人生命中的各样经历。其中右边的一对男女，代表着爱情和生活；后面穿朱红色裙子的两个女人在相互倾诉；中间的主角是一个正在伸手采摘果子的青年，代表生命的成长和成熟；在他下面有一个啃果子的孩子，后面是多个独自深思的女人，表征着人类自我反省和反思；后面有一个与画面人物不协调的蓝色神像，指出人类对宗教偶像的崇拜。背景的热带植物和大片的暗蓝绿色块，土地的红色，人物的古铜肤色，使整个画面呈现原始生态和神秘。人物和动物安详生活的种种形态与直立的蓝色偶像及后面缠绕在草丛中的毒蛇，让人产生一种莫名的忧伤和死亡的威胁。

---

[6] 保罗·高更（Eugène Henri Paul Gauguin，1848—1903年）法国后印象派画家

　　高更的一生充满了传奇色彩，他年轻时向往自由自在周游世界的生活，当上了水手并在海军服役。后来从事证券交易工作，收入丰厚，取得了极大成功，并娶了一位漂亮的丹麦姑娘为妻，生儿育女过着幸福的生活。他在这段稳定生活时期开始进行绘画创作和收藏，不久他开始厌倦世界上的欺骗和狡诈，35岁时辞去了银行证券交易的职务致力于绘画。也许是他思想回到人类自然淳朴的伊甸园生活，38岁时放弃了拥有的一切，与家庭断绝了关系，到塔希提岛定居进行绘画艺术创作。但是岛上的生活并没有让他摆脱文明社会带来的种种失望与郁闷，他的生活渐渐贫困潦倒，又患上了严重的疾病，当听到最心爱的小女儿死亡的噩耗后，他的精神彻底崩溃，服毒自杀，以结束自己的生命，然而自杀未遂。这些事后，他创作了这幅《我们从何处来？我们是谁？我们向何处去？》的巨幅油画。

　　高更带着现代文明的烙印，追逐自己心中的伊甸园，但他承受的却是无法解脱的迷茫、忧伤、困惑、无奈和焦虑。就如古罗马学者西塞罗[7]所说："一个不懂自己出生前历史的人，永远是个孩子。"高更如同一个孩童，用他的画笔在问："我们从何处来？我们是谁？我们向何处去？"高更的这幅画实际上象征了人类的迷茫和困惑，表达了人类的孤独和失落。我们人类否定了我们的创造者上帝的存在，也就否定了我们自己存在的根源，如同脱线的风筝，必定会一头扎到地上，失落而凄凉。

---

[7] 马库斯·图利乌斯·西塞罗（Marcus Tullius Cicero，公元前106 – 43年），是古罗马晚期的哲学家、政治家、律师、作家和雄辩家，他支持古罗马共和国的宪制，被认为是三权分立学说的古代先驱，西塞罗的学说深深影响了欧洲的哲学和政治，在17至18世纪的启蒙时代达到了顶峰。

我们人类否定了上帝的创造，也就否定了我们自己存在的目的，就像一颗小星在漫无天际的太空中飞行，空寂而无意义。我们人类否定了对上帝的敬畏，也就失去了我们自己内心的平静安稳，如同一艘小船在大海中随波漂泊，在惊涛骇浪中航行。我们人类否定了对上帝的信靠，也就失去了我们自己心中的伊甸园，生活如同地上满是荆棘和蒺藜，汗流满面才得糊口，快乐和幸福已远离了我们。

第 7 章 罪的问题

我们无论干什么罪恶的行为，都是因为一种超自然的力量在冥冥之中驱策着我们。

— 《李尔王》，莎士比亚

　　我们仍回到伊甸园，在园中有各种树木从地里长出来，开
满各种花卉，非常好看；树上的果子可以作为食物；园中地上
撒满金子、珍珠、红玛瑙；还有四条河水在园中淙淙流淌，滋
润园子大地。上帝为人类创造的这个园子，为祂宝爱的人类预
备最适合他们的家园，使人类成为祂爱的对象，成为祂施恩的
对象。

伊甸园里的故事（续）— 罪的进入

　　我以前一直不明白上帝为什么要在伊甸园中放置分辨善恶
树，并明明禁止亚当和夏娃吃分辨善恶树上的果子？为什么不
让我们人类具有分辨善恶的能力？在人吃了分辨善恶树上的果
子，获得了分辨善恶的能力后，又给予人类死的惩罚？我甚至
说，"上帝既然是全知的，必然知道亚当和夏娃会去吃分辨善
恶树上的果子，那就不要把这棵树种在伊甸园里。"在2003年6
月的一天，记得是从若歌教会参加了以琳团聚的活动开车回家
的路上，突然感悟到，今日人类的一切争端，大到国家和国家
之间，小到家庭成员之间，都是从分辨善恶，辨清对错而产
生，而人类自己对善恶和对错的判断是绝对不可靠的，我们并
没有一个绝对的善恶和对错标准，我们的善恶和对错的判断都
带有自己人生的烙印，带着我们社会文化教育的背景；加上政
治的倾向、宗教的观念和利益的关系；再加上人性的自私、骄
傲、贪婪、嫉妒、仇恨，使得世界上争端不断，家庭里争吵不
休。在伊甸园中上帝吩咐人类：**园中各样树上的果子，你可以
随意吃，只是分别善恶树上的果子，你不可吃，因为你吃的日
子必定死！**（创世记第2章16 - 17节）祂实际是告诉人类，在祂

赐予我们人类的完美丰富里，我们人类要懂得感恩；在祂赋予我们人类的自由意识里，我们人类要懂得顺服，要心存敬畏。

我们继续伊甸园里的故事，创世记第3章1-6节说：**耶和华上帝所造的，惟有蛇比田野一切的活物更狡猾。蛇对女人说："上帝岂是真说不许你们吃所有园中所有树上的果子吗？"女人对蛇说："园中树上的果子我们可以吃，惟有园当中那棵树上的果子，上帝曾说：你们不可吃，也不可摸，免得你们死。"蛇对女人说："你们不一定死，因为上帝知道，你们吃的日子眼睛就明亮了，你们便如上帝能知道善恶。"于是女人见那棵树的果子好作食物，也悦人的眼目，且是可喜爱的，能使人有智慧，就摘下果子来吃了；又给他丈夫吃，她丈夫也吃了。**我们首先看到魔鬼撒但以蛇的化身粉墨登场，这一点可以在新约圣经得到确认。约翰福音第8章44节告诉我们，**撒但从起初是杀人的，不守真理，因他心里没有真理；他说谎是出于自己，他本来是说谎的，也是说谎之人的父。**在约翰一书第3章8节也说：**魔鬼从起初就犯罪。**在这两处经文里的"从起初…"与圣经开编"起初…"，表示从我们现在这个世界开始的时候，撒但把邪恶带进了这个世界，并且引诱人类去犯罪。撒但这个名字的意思是"对头"，他原是侍立在耶和华面前的天使，在约伯记第1章6节提到他的名字，**上帝的众子来侍立在耶和华面前，撒但也来在其中。**在本书第二章中谈到斯坦福监狱实验中，津巴多教授称之为"路西法效应"的路西法（Lucifer）就是堕落之前的天使长撒但，意思是"明亮之星"，在以赛亚书第14章说到：**明亮之星，早晨之子啊，你何竟从天坠落？你这攻败列国的何竟被砍倒在地上？你心里曾说：我要升到天上；我要高举我的宝座在神众星以上；我要坐在聚会的山上，在北方的极处。我要**

升到高云之上；我要与至上者同等。这里连续的五个"我要…"
表达了路西法强烈的反叛意思，想要在地位上和在权柄上与上
帝同等。在圣经里我们看到撒但和三分之一的天使背叛后被赶
逐出了天堂，他们的活动受到了限制，但他们仍在这个世界活
动，如彼得前书第5章8节告诉我们：… 仇敌魔鬼，如同吼叫的
狮子，遍地游行，寻找可吞吃的人。

了解了魔鬼撒但的背景，我们不难看出他在伊甸园里的动
机。人类的受造是代表上帝统治管理这个世界，并且具有上帝
的样式和形象，撒但无法触碰到上帝，但他可以引诱人类堕
落，以此损坏和亵渎上帝的形象，达到与上帝抗争的目的。

撒但做的第一件事情就是让人怀疑上帝，让人怀疑上帝所
说的，蛇说：上帝岂是真说。随后，第二件事情是歪曲上帝的
话，上帝吩咐亚当的是：园中各样树上的果子你可以随意吃，
只是分别善恶树上的果子你不可吃，蛇说：上帝岂是真说不许
你们吃园中所有树上的果子。接着第三件事情是来否定上帝的
话，上帝说：因为你吃的日子必定死。蛇说：你们不一定死。
最后，用与上帝同等来引诱夏娃，你们吃的日子眼睛就明亮
了，你们便如上帝能知道善恶。这对于亚当和夏娃是多么大的
诱惑。

亚当和夏娃没有抵挡住从撒但来的欺骗和诱惑，于是，女
人见那棵树的果子好作食物，也悦人的眼目，且是可喜爱的，
能使人有智慧，就摘下果子来吃了；又给她丈夫，她丈夫也吃
了。（创世记第3章6节）之后发生的第一件事是他们发现身体
裸露，感到了羞耻；第二件事，他们需要寻找遮挡，想要把自
己的羞耻遮盖起来；第三件事，他们躲避上帝的面；第四件
事，他们开始推卸责任。当上帝问亚当，亚当就怪夏娃，说：

你给造的那个女人叫我吃的，夏娃就说：**是那个蛇诱惑了我。**接下来，人类因此被赶出了伊甸园，失去了与上帝亲密的关系；并且，女人在怀孕生产的苦楚上增加；而男人要劳苦汗流满面才得糊口；当然，死亡也就是不可避免。

从圣经旧约对以色列民族起源和发展的叙述，以及这些叙述与史料记录和考古相吻合，我们没有理由说圣经是一本虚构的神话。圣经中许多的比喻、寓言，实际上是用我们人类可以明白的语言告诉我们当时发生的事情。伊甸园里发生的事情，亚当和夏娃选择分别善恶树的意思就是人类违背创造者的命令，对上帝宣告独立。伊甸园中生命树的意思是生命的供应，表征人类应该对创造者倚赖，信靠上帝为生命的供应。在伊甸园中的生命树和分别善恶树的选择上，上帝是要亚当为代表的人类用自由意志顺服上帝的要求。然而人类用自由意志选择了分别善恶树，相信魔鬼而不信上帝，选择了顺从魔鬼而悖逆上帝。这就如电脑感染了软件病毒一样，亚当和夏娃感染了从撒但魔鬼而来的病毒。这如新约罗马书第5章12节说的：**罪就是从亚当一人进入了世界。**这也是莎士比亚在《李尔王》中的台词告诉我们："罪是一种超自然的力量在冥冥之中驱策着我们。"

什么是罪?

提到罪，我们往往思想到的是杀人放火等违反道德规范和法律的行为。中文罪字的原体是辠，《说文解字》的图解表述为犯罪的人应该受到的刑罚，应该为自己的罪行付出的代价：字形上面的鼻子表示"自"，下面的是刀子代表刑具"辛"。推测造字的本义是割去罪犯鼻子，割鼻刑罚，这样人们一眼就可以识别一个犯了罪的人。

到了秦代（公元前221- 207年），秦始皇认为"皋"与"皇"字相似，故改用"罪"字。"罪"字上面的"四"是由"网"字演变过来，下面的"非"表示非法，这样"罪"字的意思就是网捉住非法行为，所谓天网恢恢，疏而不漏吧。所以，提到罪，中国人大脑中呈现的往往是犯罪的行为和罪犯。

刚到美国，接触到教会，就有人和我们说到罪，说我们是罪人，我们心中总是不自在。我妻子反驳说我们是本分做人，认真做事，从没有做过任何违法的事情。后来渐渐地我们认识到这里说的"罪"并非犯罪的行为（英文中用字crime），而是犯罪的本性，即罪性（英文中用字sin），就如心中的恶念。人并不是因为违反了律法才有罪，相反，是因为人有罪性才有律法，律法的功效是叫人知道什么是罪。那么，什么是罪呢？什么是人的罪性呢？我们可以按照社会的公德，自己心中的良心来判断罪和罪性，如凶杀、奸淫、苟合、偷盗、妄证、谤渎这些的行为肯定是罪性产生的罪行，但心中的骄傲、嫉妒、恼怒、自私这些的意念是否是罪呢？我想不同的人可能有不同的认同。

如同我们必须从圣经的启示中懂得生命是什么，我们也必须从圣经那里获得对罪的准确认识。在中文圣经与罪性有关的"罪"字在旧约原文是希伯来文的chata，在新约原文是希腊文的

hamartia，hamartano，hamartema，这些字的字面意思是"偏离正路"，"偏离靶心"。我们可以想象射箭打靶，靶心是靶的正中央，任何打在外环的箭都是偏离靶心。这样，从圣经的角度看，任何在行为上和心思上没有达到上帝所定标准的都是"偏离靶心"，就是罪。

偏离靶心的罪包括我们常常听说的原罪（original sin），指因亚当选择顺从魔鬼而悖逆上帝所犯的罪，而使我们从亚当所承接生来就有罪性和犯罪的意识。因此，原罪比较准确地可以认为是原初的玷污和传承的败坏。在第二章谈到人性本质的善恶之源，人在出母腹时到底是性善、性恶、白板或善恶混合，对这个问题还没有明确的回答。在上一章谈到从创造的角度看生命的本质，我们看到人类灵魂生命源于上帝生命之气的分赐；人类的道德意识和良心也是从亚当的遗传而来。遗传物质DNA序列中包含与物质身体生命的信息，也包含了生命之初灵魂生命中意识的信息；这样，罪的意识也就可以通过改变起初上帝创造的DNA序列使基因发生变异或使基因的表达发生改变（甲基化）而进入人类的遗传。当亚当"感染"了从撒但而出的罪性，DNA序列编码了罪的意识，罪性也就遗传给了亚当和夏娃的后代，也就遗传给了后来世世代代的人类，这样全人类的生命软件，DNA序列都"感染了病毒"。

我们来看看圣经是怎样说的。诗篇51篇第5节说：**我是在罪孽里生的，在我母亲怀胎的时候就有了罪。**诗篇51篇的作者是以色列可歌可泣的君王大卫。他与一位名拔示巴的妇人犯了奸淫罪，为了遮掩自己的罪行，将拔示巴的丈夫乌利亚送到前线战死，不久上帝差派先知拿单来指责他，先知走后，大卫在上帝面前痛悔认罪，写下这篇认罪诗。他深刻地意识到自己的罪恶是从生命的一开始就有了的，当他出生时就是在罪孽里生的；甚至在他出生之前，在他母亲怀胎的时候他就有了罪恶的性情。诗篇51篇第5节说明从生命的开始，人就传承了罪性，就有罪性在我们的生命里。诗篇58篇第3节也对此进一步说明：**恶人一出母胎就与上帝疏远，一离母腹便走错路，说谎话**。这样看来，人类从亚当的生命中遗传了身体生命和灵魂生命信息，同时也传承了亚当悖逆上帝的罪性。在罗马书第5章18-19节说：**如此说来，因一次的过犯，众人都被定罪；… 因一人的悖逆，众人成为罪人；…**。

　　也许你会说，这是人类先祖亚当夏娃悖逆上帝的罪，今日遗传给我并非我的意愿，上帝将这罪定为我的罪，视我为罪人，实在是上帝的不公义。其实不然，罗马书第1章19-21节清楚地说：**上帝的事情，人所能知道的，原显明在人心里，因为上帝已经给他们显明。自从造天地以来，上帝的永能和神性是明明可知的，虽是眼不能见，但借着所造之物就可以晓得，叫人无可推诿。因为，他们虽然知道上帝，却不当作上帝荣耀祂，也不感谢祂。他们的思念变为虚妄，无知的心就昏暗了。**这正如前面几章谈到的宇宙的精细，生命的奇妙，意识的不可思议，人类语言的起源，等等，这些无不彰显着上帝创造的大能和荣耀。随着人类科学的发展，自然规律的进一步发现，生命遗传密码的逐步解开，如果我们继续推诿宇宙的起源是不可知的，否定生命的产生是一个创造，坚持那不可能发生的概率事件是可能发生的，那实在是我们心思的虚妄，那实在是我们的罪了。

　　有了罪性和罪意识的人类也必然会行出罪恶的行为，从本书第2章陈述的事例，这个结论是肯定的。在创世记第3章亚当和夏娃悖逆上帝之后，人类的第一宗罪行发生在创世记第4章，亚当的儿子该隐因嫉妒生怒而杀死弟弟亚伯。到创世记第6章我们看到，人类从亚当到诺亚经过了十代人的繁衍，人在罪中堕落到极处，终日所思想的尽都是恶。这里描述的人是属乎肉体的，肉体（flesh）是圣经中的一个特别用词。人的身体（body）是指一个活生生的有血有肉的人，而当人活着完全受情欲所支配，没有节制，如同行尸走兽，圣经上说身体成了肉体，人就成了属乎肉体的。在加拉太书第5章19‐20节列出了肉体情欲的15种行为：**淫乱，污秽，邪荡，拜偶像，行邪术，仇恨，争竞，忌恨，暴怒，结党，纷争，异端，嫉妒，醉酒，荒宴。**

我们都有使用的计算机感染病毒的经历，计算机病毒是人们利用计算机软件和硬件所固有的缺陷编制的一组程序代码。它能通过文件交换或网络传输潜伏在计算机的存储介质（或程序）里，在条件满足时即被激活，通过修改其它程序的方法将自己的精确拷贝，或者可能演化的形式进入其他程序中，从而感染其它程序，破坏和侵蚀计算机资源，破坏数据和文件，导致正常的程序无法运行，使计算机无法正常工作，甚至死机。罪对人生命的侵蚀就如同计算机病毒对计算机的影响。人的灵是上帝施加给人的生命气息，有上帝可以传递给我们的生命特质和与上帝交通的能力，罪的侵入使人的灵失去了应有的功用，良心和直觉变得不敏锐或者完全丧失，与上帝的交通的能力阻断。

总之，我们人都是从亚当生命遗传而生，带着罪性来到这个世界。罪导致了人与上帝、人与人亲密关系的破坏；导致了人与动物、人与自然和谐的关系的破坏；也导致人生命自身内在和谐的灵魂体关系的破坏；最终，罪不可避免地导致了死亡。　在伊甸园上帝警告了亚当和夏娃：**你吃的日子必定死！**（创世记第2章16 - 17节）；在罗马书第6章23节也说：**罪的工价乃是死**。这个死不仅仅是身体的死亡，而且是我们与上帝这生命创造者和赐予者的隔绝，也是灵性生命的死亡。罪性注定我们的人生是一个艰难困苦的一生，也注定了我们每个人的命运是以悲剧结束。就如前面谈到中毒的家庭体系在高速公路上的连环追尾，代代相传。罪这个影响人类社会几千年的"病毒"，今天也影响你我的生命、生活和幸福。罪这个问题是必须得到解决的。

人对罪的解决

对于罪的解决，我们往往想到的是人类现代社会普遍存在的法律和司法。我们每一个人都应该知法、懂法和守法，使我们不会做出违法行为；而如果人犯了罪，会受到法律的制裁，关进监狱或教养所。对于罪性的规正，我们也会想到社会道德伦理，用正当和美德等普世价值观来约束一个人的行为，使之一个人的行为规范符合社会的普遍价值，使一个人成为一个"好人"。

法律和道德能解决人类罪的问题吗？我刚到美国Pittsburgh时，对在Squirrel Hill区的街上常常看到三五成群穿着黑衣黑裤或长裙的男女非常好奇。这些人在街头人群中非常显目，男人们戴宽檐黑帽，留着大胡子，面颊两侧有两根小辫垂下；女人们包裹黑色头巾。后来了解到他们是极端正统派犹太教徒，称为哈雷迪群体。在圣经旧约时代，约距今3600年前，摩西从西奈山上领受了上帝给以色列人颁布的十条诫命，从此律法在以色列人的生活中占有重要的位置，他们视十诫为律法的总纲，并且依据《妥拉》[1]拓展为613条律法，涉及到人与上帝的关系、人与人之间的关系和生活中的方方面面，如权利与义务，财产所有权，债务处理，婚姻与家庭，卫生与风俗，起居饮食，犯罪与刑罚，审判机构与诉讼，等等。以色列人中有一个群体，在圣经新约中称为法利赛人，相当于今天的哈雷迪群体，他们在生活中刻苦己身，一丝不苟地严守613条诫命律法。他们甚至明确意识到自己的生存困境与罪有着必然的联系，613条诫命律法成了他们生活中的禁忌意识和道德规范，打破禁忌和违背道德规范不仅是对别人的冒犯，而且是亵渎上帝。在新约马太福音第15章有一段记载，法利赛人找到耶稣，指责耶稣的门徒不按传统的洁净礼洗手吃饭。耶稣用比喻回复他们说：入口的不能污秽人，出口的乃能污秽人。门徒们不解其意，后来问耶稣比喻的意思。耶稣解释说：岂不知凡入口的，是运到肚子里，又落在茅厕里吗？惟独出口的，是从心里发出来的，这才污秽人。因为从心里发出来的，有恶念、凶杀、奸淫、苟合、偷盗、妄证、谤讟。这都是污秽人的；至于不洗手吃饭，那却不污秽人。耶稣是一针见血地指出法利赛人只着重在外面行为上遵行律法，其心里是满了邪恶，他们是粉饰的坟墓。在耶稣被钉十架这件事上，这些人的嫉妒、恼恨、诽谤、做假见证等等罪性暴露无遗。法利赛人成了假冒为善和自义的代名词。

---

[1] 《妥拉》（英语：Torah）是犹太教《希伯来圣经》的前五部，也就是一般常称的《摩西五经》，妥拉的字面意思为指引，所有的犹太教律法与教导，通通都可以被涵盖到其中。

罪就好比是一棵结丑陋、恶臭果子的树，法律和伦理作用是在果子刚刚成形时就把果子从树上打下来，阻止树上的果子生长，让人们即看不到果子的丑陋，也闻不到果子的恶臭。但是，这棵树仍然是这棵树，在合适的时候，这棵树依然会继续结果子。因着我们里面的罪性，我们成为了罪人，我们都会犯显而易见的罪，或隐而未见的罪。圣经将法利赛人摆在世人面前，明明地告诉我们，法律和伦理道德不能从根本上解决人类的罪问题。

中国佛教也认为宗教教导的伦理道德解决不了人类的罪问题。有一则故事说到唐朝著名诗人白居易[2]很想寻得佛教的真谛，却都不得其门。有一次请教一位很有修养的和尚鸟窠禅师[3]，白居易问："你可否把佛教最重要的经典简单地告诉我？"禅师不假思索地说："诸恶莫作，众善奉行！"意思是：所有的恶事都不可以做，所有的善事都要去做。白居易非常失望，心想：这么大名鼎鼎的禅师说的佛教真谛也过于简单了，说："这八个字太简单了，连三岁的孩童也懂得啊！"禅师听后，毫不客气地就说了："三岁孩童虽晓得，八十老翁行不来！"意思说，虽然道理很简单，小孩子都知道，但一个人终其一生也做不到。鸟窠禅师实际上告诉白居易：宗教教导和道德规范解决不了人类罪性的问题。

在上面谈到人类的第一宗罪案，亚当的儿子该隐杀死弟弟亚伯，圣经很生动描述罪就好像一头野兽伏在家的门口，伺机

---

[2] 白居易（772 - 846年），字乐天，晚号香山居士、醉吟先生；唐代三大诗人之一，曾任杭州和苏州刺史（地方最高长官）。
[3] 鸟窠禅师（735 - 833年），浙江杭州人，姓潘，本号道林，法名圆修；9岁出家，14岁到河南嵩山学习佛经，僧龄80多年。

要吞吃我们，缠住我们的一生。人虽想要制伏这头野兽、对付罪，却是徒然的。我们可以将这个世界比喻为一个一望无际、满了罪恶的海洋，人是生在罪中，长在罪中。我们在罪恶的海洋里苦苦挣扎，可能60年，可能100年，但最终将沉沦下去；我们也可以造船和其它漂浮物，让我们暂得安逸，但最终将被抛到海洋里，沉到深渊中。我们还可以将罪对人生命的侵蚀比喻为计算机病毒对计算机的影响，没有清除计算机病毒的软件，计算机自身不能清除病毒。我们的生命也一样，感染罪的生命不可能清除生命中的罪，不可能消除罪对生命的侵蚀。罪使我们的人生艰难困苦，并注定我们的命运以悲剧结束。我们人类即不可能自救，也没有完全解决罪的能力，除非从天上落下来的梯子，救人类脱离罪恶的海洋；除非上帝给我们人类提供"清除病毒的软件"。

上帝对人类罪的态度

上帝对待我们人类的罪是非常严肃的，祂决不会视有罪的为无罪，这是上帝公义的性情，在旧约圣经摩西五经中反复陈明，如，民数记第14章18节说到：**耶和华万不以有罪的为无罪，必追讨他的罪，自父及子，直到三、四代。**在旧约圣经历史书和先知书中，我们看到上帝对以色列民犯罪直接和间接的严厉处罚。

但在民数记第14章18节的上半节说：**耶和华不轻易发怒，并有丰盛的慈爱，赦免罪孽和过犯；**这也让我们看到上帝是满有怜悯和恩典的神，是满有慈爱和诚实的神，祂不会轻易发怒，祂愿意赦免人的罪孽、过犯和罪恶，为我们众人存留慈爱；祂更希望看到遵守祂的诫命和律法典章的人，必祝福他们。如出埃及记第20章6节说：**爱我、守我诫命的，我必向他们发慈爱，直到千代**。又如申命记第7章9节说：**所以，你要知道耶和华， 你的上帝，祂是神，是信实的神；向爱祂、守祂诫命的人守约，施慈爱，直到千代**。相对于千代的祝福，追讨罪恶三、四代可以说是转眼之间，这表达了上帝的祝福远远大过审判，上帝愿万人得救，不愿一人沉沦。正如诗篇第30章5节所说：**祂的怒气不过是转眼之间，祂的恩典乃是一生之久**。

我们来看圣经上记载的两个事例，了解上帝的慈爱、怜悯、公义和审判。第一个事例是在民数记中记载的可拉和他的追随者向摩西和亚伦争闹[4]。可拉是上帝指定的祭司家族利未的曾孙，他不满听命于祭司亚伦，指控摩西和亚伦专制独裁，带领约250名以色列会众中的首领反抗摩西和亚伦的带领。上帝立即实行审判，让大地裂开，吞灭处死了可拉和他的追随者250多人。但可拉的儿子们并没有死，在圣经后面的诗篇中我们可以读到可拉后裔写的12篇赞美诗歌，在这些赞美诗歌之前，圣经特别注明是可拉后裔的诗。第二个事例我们来看前面提到以色列君王大卫犯了奸淫和杀人的事[5]。大卫是上帝所立的以色列民的君王，被称为合上帝心意的人。他也确实在战场上祷告仰望上帝、在行事中敬畏上帝、在得胜后赞美上帝。但在平定了外患，坐稳了江山以后，就犯上了奸淫罪；为了隐瞒罪状，将妇人的丈夫送到前线战死。他以为这样可以瞒天过海，身为一国之君谁也不能拿他如何。谁知上帝差派先知拿单指责他，并且预言大卫必因流一人血的罪偿还四倍，也必因犯的罪遭到追讨，刀剑必永不离开他的家。从圣经后面的描述，我们

---

4 《圣经》民数记第16章。
5 《圣经》撒母耳记下第11 — 12章

可以看到上帝对大卫所犯罪的追讨，他也因流一人血的罪失去了四个儿子。

圣经上还有许多这样的事例，有些是一个人的经历、有些是几代人的经历、而有些是以色列民族的经历。在人类的历史记载上看是个人的行为，或人与人、民族与民族、国家与国家之间的纷争，实际上是上帝的慈爱和公义、怜悯和审判。在申命记第28章，摩西将刻在石板上上帝的律法陈明在以色列人面前之后，说到：**你若留意听从耶和华你神的话，谨守遵行祂的一切诫命，就是我今日所吩咐你的，祂必使你超乎天下万民之上。**…（第28章1-14节）**你若不听从耶和华你神的话，不谨守遵行祂的一切诫命律例，就是我今日所吩咐你的，这以下的咒诅都必追随你，临到你身上。**…（第28章15-68节）当年上帝借摩西将赐福或降祸陈明在以色列民面前，后面也应验在这个民族的身上；直到今日也摆在世人的面前。

上帝是满有慈爱怜悯的神，也是绝对维持公义的神。祂不会忘记祂的应许，赐福爱祂和遵行祂诫命的人；祂也不会修改在石板上颁布的律法，降低祂对人要求的标准，改变祂的定意。这样，对满了罪孽又不可能自救的人类，慈爱的上帝若赦免人的罪孽、过犯和罪恶，那岂不是称曲为直吗？这与祂的公义公正相悖；而公义的上帝若追讨人的罪，我们人人都在祂的震怒之下，岂不是人人都活在恐惧战兢之中吗？这又与祂的慈爱怜悯相悖。这位公义慈爱的上帝如何解决人的罪呢？祂视自己为我们的父，我们的的确确都是从祂而来，都是祂的儿子。而我们这群儿子从古至今都是背弃祂，离弃祂，不仅不认祂为父，反倒是认魔鬼为父。这位慈爱的天父在满了罪孽的人身上如何表达祂的慈爱，同时又不背离祂的公义呢？

赎 罪

　　赎罪是用财物或用某种行动来抵销过犯或罪行，达到免除刑罚处置，如今天社会实行的交通违章罚款、处罚赔偿或做义工等等。这是除了道德伦理规范和法律司法之外另一个解决罪的方法，称之为司法替代性纠纷解决机制（Judicial Alternative Dispute Resolution，简称：司法ADR）。这是一种独立或相对独立于法院诉讼的非诉讼纠纷解决方式，是诉讼程序的替代性方法，通过协商和调解使原告与被告之间达成和解。赎罪的概念在3500年前圣经旧约中的摩西五经就已经提出。

　　在摩西从西奈山领受了上帝给以色列人颁布的十条诫命后，我们看到上帝也向以色列人颁布了各种律法和原则，并教导他们如何过洁净的生活，为要使以色列人活出像属于上帝的子民，有别于世上其它的民族。圣经的第三卷书利未记详细地陈述了各种有关宗教的礼节，仪式和日常生活方面的原则，使以色列人的生活都能符合上帝子民的标准。对于以色列民犯的罪或者过失，规定必须要用"赎罪祭"和"赎愆祭"来代赎，以挽回自己的罪和过失。利未记可谓是巨细无遗地陈述了献祭的目的、祭物、程序和礼仪。我们以赎罪祭为例，看看圣经是怎样对待以色列民的罪或者过失。利未记第4章1—12节说：**耶和华对摩西说：你晓谕以色列人说：若有人在耶和华所吩咐不可行的什么事上误犯了一件，或是受膏的祭司犯罪，使百姓陷在罪里，就当为他所犯的罪把没有残疾的公牛犊献给耶和华为赎罪祭。他要牵公牛到会幕门口，在耶和华面前按手在牛的头上，把牛宰于耶和华面前。受膏的祭司要取些公牛的血带到会幕，把指头蘸于血中，在耶和华面前对着圣所的幔子弹血七次，又要把些血抹在会幕内、耶和华面前香坛的四角上，再把公牛所**

有的血倒在会幕门口、燔祭坛的脚那里。要把赎罪祭公牛所有的脂油，乃是盖脏的脂油和脏上所有的脂油，并两个腰子和腰子上的脂油，就是靠腰两旁的脂油，与肝上的网子和腰子，一概取下，与平安祭公牛上所取的一样；祭司要把这些烧在燔祭的坛上。公牛的皮和所有的肉，并头、腿、脏、腑、粪，就是全公牛，要搬到营外洁净之地、倒灰之所，用火烧在柴上。

用现代人的眼光看这3500多年前的赎罪祭，确实是非常宗教，充满血腥。我们先来看看赎罪祭条例所表达的意思。首先，上帝在这里非常清楚的指出，即使犯罪的人是不知而作的误犯，仍然是罪，一旦人知道自己有罪，赎罪祭的条律就摆在人的面前，人必须承认自己有罪，并通过赎罪祭来解决自己的罪。

赎罪祭在一般情形下都是要用的动物作为祭牲。上面这一段特别针对以色列民的领袖祭司们，如果犯罪，要献上无残疾的公牛犊；在利未记第4和第5章，还规定了如果是以色列全会众犯罪，也要献上无残疾的公牛犊；以色列民的官长犯罪要献无残疾的公山羊；平民犯罪则献无残疾的母山羊或母羊，若是贫穷不能献羊羔的话，就以两只班鸠或雏鸽代替，实在贫穷到无力用动物作为祭牲才可用细面代替。所有的祭牲必须是没有残疾的，表明要用无瑕疵、纯洁的动物生命来代赎人所犯的罪。

犯了罪的人要按手在祭牲的头上，表明献祭的人和祭牲的联合，献祭的人承认自己的罪，通过按手的联合，用祭牲生命的死代替自己的死。这就是上帝公义的要求，祂决不会放过人类所犯的罪，对犯罪必须用死为代价来处理。不仅仅是死，祭牲的脂油和肾脏要烧在祭坛上，而其余祭牲的身体和内脏要全

部搬到以色列民扎营的外面，在火上烧成灰烬。这进一步表明
上帝对罪是零容忍的态度，犯罪的肉体、罪性、恶行必须在祂
面前如同祭牲烧成灰烬。上帝要让人认识到，**罪的工价乃是死**
是一个严肃的宣告，人的罪只有死才能解决，替代的祭牲被杀
死，血的流出，身体烧成灰烬，人的罪行才能从祂面前抹去，
祂才能赦免人的罪。

清洁人心

在赎罪祭中，我们还看到祭牲被杀死后，在祭坛上被烧之
前，对血的处理有三个程序。第一个程序是弹血，是把祭牲的
血带到圣所里面，弹在圣所的幔子上。第二就是把血抹在香坛
的四角上。第三，就是把血都全倒在祭坛的脚上。为什么要这
样特别地处理血呢？这显然不是今天意义上用财物的赎罪意
思。"赎罪"两字在希伯来文的字根有"洁净"的意思，这就非常
清楚的告诉人，血在赎罪祭中的作用是洁净。如同，手脏了要
用清水洗，人犯罪也就是被罪玷污了心灵，要用无瑕疵祭牲的
血来洗涤。人犯罪还不仅是自身心灵被玷污了，也玷污了上帝
与以色列民同在的圣所；赎罪祭的血弹在圣所的幔子上是洁净
圣所，抹在香坛的四角上和倒在祭坛的脚上是在洁净祭坛。上
帝进一步要让人认识到，祂是圣洁的神，祂不能接受一切被玷
污的事物。唯有圣所和祭坛被洁净后，祂才能接受上面的祭
物，才能恢复祂和人之间的关系，也才能接受人在祂面前的认
罪和赎罪。

利未记第4章这段圣经重复出现最多的几个字是**耶和华面
前**，献祭的人承认自己的罪，在耶和华面前按手在祭牲的头
上；祭师在耶和华面前将祭牲宰杀；祭司取些祭牲的血在耶和

华面前对着圣所的幔子弹血；祭司还要在耶和华面前把血抹祭坛的四角上，再把所有的血倒在祭坛的脚那里。这里，上帝更进一步要让人认识到，罪在祂眼中是多么的可憎、可恶，在对付罪的事上，祂绝对不让人以为可以马马虎虎，随随便便。赎罪的事必须一件一件当着祂的面来做，罪的污秽必须当着祂的面清除，这是多么严肃的事情！

不要以为上帝不厌其烦地反复陈述赎罪祭和献祭的事，是祂喜欢宗教的仪式，喜好动物的宰杀和血腥的场面，愉悦动物脂肪在火上烧焦的香气，断乎不是！这一切的事都是直指人心，直指人性中的罪性，直指人的罪孽。试想，因着我的罪，一头无辜的动物，被杀；祂的血流出，撒在祭坛上；祂的整个身体也被烧成灰烬；这样一个场面不仅对我的心灵产生震撼，而且虽然罪性仍然在心里蠢蠢欲动，我也不敢再越雷池一步；这样一个场面也使所有观看的会众敬畏之心油然而生，对律法的颁布者上帝心存敬畏。

悔改之心

圣经并没有停留在赎罪祭和其它献祭事情上，在以色列的第一个君王扫罗擅自献祭后，祭师撒母耳对他说：耶和华喜悦燔祭和平安祭，岂如喜悦人听从祂的话呢？听命胜于献祭，顺从胜于公羊的脂油。（撒母耳记上第15章22节）从这段圣经可看出，上帝所喜悦的不是献祭而是人听从祂的诫命，顺服祂的管教。

在上面谈到的以色列君王大卫犯了奸淫和借刀杀人的罪，在上帝借先知的口传递了审判之后，他写下了圣经诗篇第51篇认罪的诗。我们来看看其中16-17节，你本不喜爱祭物，若喜爱，我就献上，燔祭你也不喜悦，上帝所要的祭，就是忧伤的灵。上帝啊，忧伤痛悔的心，你不轻看。这里，我们进一步看到，上帝所喜悦并非祭物和献祭，祂所喜悦是人对罪彻底悔改的心。

在以色列民被掳的时期，上帝更是直言献祭的实际意义：耶和华说，你们所献的许多祭物，与我何益呢？公绵羊的燔祭和肥畜的脂油，我已经够了。公牛的血，羊羔的血，公山羊的血，我都不喜悦。你们来朝见我，谁向你们讨这些，使你们践踏我的院宇呢？你们不要再献虚浮的供物，香品是我所憎恶的。月朔和安息日、并宣召的大会，也是我所憎恶的。作罪孽、又守严肃会，我也不能容忍。你们的月朔和节期，我心里恨恶，我都以为麻烦，我担当便不耐烦。你们举手祷告，我必遮眼不看。就是你们多多的祈祷，我也不听。你们的手都满了杀人的血，你们要洗濯，自洁，从我眼前除掉你们的恶行。（以赛亚书第1章11—16节）

上帝对以色列民指出，你们献祭是献祭了，聚会是聚会了，祷告是祷告了，但你们的祭物我不悦纳，你们的聚会我感到厌恶，你们的祷告我也不会听，你们把这些当成宗教的仪式，却没有寻求上帝的实际，那就是（这段圣经的后面一节）：学习行善，寻求公平，解救受欺压的，给孤儿伸冤，为寡妇辨屈。（以赛亚书第1章17节）至此，我们可以明白上帝设立祭坛和赎罪祭等等祭祀，不是要建立任何的宗教，不是要设立任何的仪式；而是借着献祭引人知罪，悔改认罪，归正人心，从而达到使人弃恶从善的目的。

到了公元初年，恪守律法和献祭已经完全流于形式，失去了它们应有的意义。耶稣对于罪和罪性的教导就直指人心。请听在马太福音记载祂说的话：**你们听见有吩咐古人的话，说：不可杀人；又说：凡杀人的难免受审判。只是我告诉你们：凡向弟兄动怒的，难免受审断；**（第5章21节）**你们听见有话说："不可奸淫。"只是我告诉你们，凡看见妇女就动淫念的，这人心里已经与她犯奸淫了。若是你的右眼叫你跌倒，就剜出来丢掉，宁可失去百体中的一体，不叫全身丢在地狱里。若是右手叫你跌倒，就砍下来丢掉，宁可失去百体中的一体，不叫全身下入地狱。**（第5章27-30节）耶稣指出凡伤害他人的行为都是心中的仇恨和愤怒，凡奸淫的行为都是心中的淫念，耶稣的话将罪性这个犯罪的根源剖析出来，告诉我们在心志上要有剜眼和砍手的态度与罪性有决断。

代罪与罪得赦免

不要以为使人心存敬畏不能规范人的行为，律法典章不能阻止人犯罪，赎罪祭流于形式不能洁净人心，是上帝对人类罪性和罪行的无能为力，断然不是！无瑕疵的祭牲在祭坛上的被杀，用祭牲生命的死代替自己犯罪的死，都是直指耶稣被钉在十架上的死，预表耶稣替代你我担当了罪的审判和死的刑罚。

司法ADR的另一个处理过犯和罪行的机制是代罪。代罪是指当一个人犯罪面临刑罚之际，有一个无罪的人请求司法由自己代为受刑，而宽免犯罪之人。在当今的人类司法体制里已经没有代罪的机制，但代罪在中国古代司法中是一种具有普遍性的现象，称为代亲受刑。在《史记卷十孝文本记》记载了一件代亲受刑的缇萦救父典故：在西汉初期，一个名叫缇萦的小女子，因父亲被诬陷判刑，她毅然上书朝廷，申述事实，并愿意以身为奴换取父亲的自由。

上帝是怎样用代罪，在法律上了结了人类的罪案，终极解决了人类罪的问题呢？两个关键的条件是：

1. 必须有一个完全无罪的人，并且心甘情愿接受对罪的审判；

2. 有罪的人必须承认自己的罪，愿意接受无罪的人为自己的代罪。

首先，这一个完全无罪的人就是2千多年前来到世上的耶稣。前面我们已经看到一个事实，我们人都传承了亚当的罪性，在母腹中就有了罪性，没有也不可能有一个完全无罪的人，那么耶稣怎么可能是一个完全无罪的人呢？关于耶稣，在圣经创世记第3章亚当和夏娃违背上帝的命令，受到上帝的审判时，就有上帝的应许，告诉他们有一个**女人的后裔**要来。在耶稣出生前400多年，圣经旧约就预言到这个人是必须由童女怀孕（**女人的后裔**）所生；圣经新约记载了童女马利亚的受孕。路加福音第1章30-35节描述到：**天使对童女马利亚说：马利亚，不要怕！你在上帝面前已经蒙恩了。你要怀孕生子，可以给他起名叫耶稣。… 马利亚对天使说：我没有出嫁，怎么有这事呢？天使回答说：圣灵要临到你身上，至高者的能力要荫庇你，因此所要生的圣者必称为上帝的儿子。** 显然，这一段对话是马利亚的回忆，路加的记录。上帝借着童女马利亚使耶稣成孕在人的腹中，这样就脱离了亚当生命的遗传和亚当罪性的传承，上帝的儿子取了人的样式来到这个世界。

顺便说一句，在半个世纪前，童女怀孕生子可以说是天方夜谭，人们认为圣经中的记载只是一个神话故事，到了科技发展的今天，这样的事对于人类已经不是问题了，更何况创造生命的上帝。圣经中还有许多的神迹奇事，如耶稣行走在水面上；五个饼两个鱼能够使五千男人吃饱；死了四天的人还能复活；耶稣复活的身体能升上高天；等等，这些都是超越人的理性和逻辑的事件，人类今天的科学还无法解释，但我们不应该也不能否定这些事件的真实性。

耶稣除了出生没有罪性，他活在这个世界上33年半的时间里，也没有任何过犯。圣经特别记载了在耶稣被捕后和被钉十架前，犹太大祭司和文士组织的公会对他进行了严格的盘查，随后罗马政府的巡抚对他也有一番审讯，但无论是从宗教的层面，还是从社会法律的层面，都查不出控告他的任何罪行，他唯一的罪状是宣告他是上帝的儿子。这样，耶稣如同赎罪祭中无瑕疵的祭牲，被钉在十字架这个祭坛上，在十字架上流血舍命。完全无罪的耶稣替代我们担当了罪的审判和死的刑罚，他就是**上帝的羔羊，除去世人罪孽的。**（约翰福音第1章29节）在罗马书第8章3节准确表达了完全无罪的耶稣为人类的代罪：**上帝就差遣自己的儿子成为罪身的形状，作了赎罪祭，在肉体中定了罪案。**

耶稣在十字架上说了7句话，最后一句就2个字：成了。这就是成就了上帝拯救人类的计划。耶稣这种替代性、救赎性、代表性的死，满足了上帝了结人类的罪案，解决人类罪的问题的第一个关键条件：一个完全无罪的人，心甘情愿接受对罪的审判。

第二个解决人类罪的问题的条件就在于你我自己，是否承认自己的罪，是否相信上帝所成就的这一切，并且愿意接受耶稣死在十字架上为自己的代罪；这就是圣经所启示的真理：因信称义。这是慈爱和公义的上帝为人类预备的拯救方法，除此以外，再也没有任何别的方法；这是信实和怜悯的上帝在伊甸

园里就应许亚当和夏娃为他们的后裔预备的拯救方法；这是在
旧约时代上帝借着律法和先知预言启示人类的方法；这是在新
约时代耶稣自己呈现给人类的方法；这是在新约书信中明明白
白告诉人类的方法。正如罗马书第3章21-26节所说：**但如今，
上帝的义在律法以外已经显明出来，有律法和先知为证：就是
上帝的义，因信耶稣基督加给一切相信的人，并没有分别。因
为世人都犯了罪，亏缺了上帝的荣耀；如今却蒙上帝的恩典，
因基督耶稣的救赎，就白白地称义。上帝设立耶稣作挽回祭，
是凭着耶稣的血，借着人的信，要显明上帝的义；因为他用忍
耐的心宽容人先时所犯的罪，好在今时显明他的义，使人知道
他自己为义，也称信耶稣的人为义。**

　　因信称义的义和这段圣经中的义字不是我们常常认为的义
气和仗义（camaraderie，fraternal loyalty），在新约希腊原文
用字是dikaiosune，英文翻译为 righteousness，意思是恰当的行
为，人的行为准则。上帝的义就是上帝看为对的、正确的事。
在旧约时代，就是颁布给以色列民的诫命、律法和典章。到了
新约时期，上帝的义在律法以外已经显明出来，那就是相信基
督耶稣在十字架上所成就的救赎。称义一词希腊原文是
dikaiosune的动词dikaios，英文翻译为justify，这是一个法庭用
语，表示法官判决某一方是公正或公义的，可获无罪释放。圣
经的用字明确告诉人类，上帝的一个判决或宣告：当人相信钉
十字架的耶稣基督时，上帝就把祂借耶稣基督所显明的义，算
在、归在、加在人身上了，人的罪就在法庭上宣告赦免。这就
是因信称义，没有任何附加条件，没有对人行为的要求，没有
功德的要求，只要信，也唯有信，你我就都被上帝称义。

大喜的信息

这真是大喜的信息！从亚当开始的人类因着悖逆，不仅生在罪中，失丧了与上帝的关系；而且活在罪中，活在上帝对罪的愤怒之下，艰难困苦一生，并以死为终结。因着上帝的慈爱和信实，祂主动差遣祂自己的儿子降世为人，以人的样式在世上生活了33年半，并以替罪羔羊的样式死在十字架上，让一切相信耶稣的人，无论是以色列人和犹太人，还是任何其他民族的人，都可以恢复与上帝的关系，脱离上帝的愤怒，回到上帝的家中。

这个大喜的信息在耶稣降生时，有天使报给了在伯利恒旷野的牧羊人：**我报给你们大喜的信息，是关乎万民的。因今天在大卫的城里，为你们生了救主，就是主基督。**（路加福音第2章10-11节）这个从天上来的大喜信息就是创造天地万物的上帝，赐给我们生命和气息的上帝，成就祂的应许，拯救祂所宝爱的人类。

在天使报告了大喜的信息之后，他们赞美说：**在至高之处荣耀归与上帝，在地上平安归与祂所喜悦的人！**（路加福音第2章14节）在这个宇宙中，在这个世界上，没有什么比这两件事，荣耀归与上帝，和平安归与人，更重要的了。上帝创造了天地万物，创造了生命，我们人类的生命气息和生存环境都是上帝的工作和祂的维系；并且，上帝差遣祂自己的儿子降世为人，成为我们的拯救，荣耀归与上帝是我们人类责无旁贷的赞美。而平安，这不仅是人类社会的平安，人与人之间的平安；更是人与上帝之间的平安，是被造物与创造者之间的平安；还是人与自然界的平安，人自身的平安，是人面对生活的平安，人面对生活中难处的平安，人面对疾病的平安，人面对死亡的平安。平安对我们的生命何其重要，远超金钱、荣誉、地位和享受。赞美创造者和平安当是我们每个人所求所想的事。

整本圣经，从创世记到启示录，以荣耀归与上帝和平安归与祂所喜悦的人为线索，不断启示上帝是怎样的一位神，为什么荣耀要归于祂；不断启示生命是什么，我们人的生命是从哪里来、要到哪里去；不断启示我们人是怎样的人，我们生命的目的是什么；不断启示什么样的人是上帝所喜悦的人，如何得到人所渴慕的平安。这些都关乎我们人生命的各个层面，关乎我们的生活，关乎我们的幸福。这个令人欢喜无比的大喜信息就是我们全人类的福音，整本圣经的核心也就是这福音。

第 8 章 福音，完全爱的好消息

有爱的地方，就有生命 (Where there is love, there is life)。

— 圣雄甘地

主为我们舍命，我们从此就知道何为爱。

《圣经》约翰一书第3章16

福音（英文：gospel）一词由圣经新约原文希腊文euangelion翻译而来。euangelion的前缀eu就是本书开始谈幸福两字的希腊文eudaimonia或eudemonia的前缀，表示好的、美好的、善良的意思。angelion的意思是指消息、信使、传递消息的使者，如天使（angel）就是奉差遣的天上使者。圣经新约作者用Euangelion，表达的就是令人欢喜无比的大喜消息。

福音在新约圣经中有许多称呼，如天国的福音，基督的福音，上帝的福音，得救的福音，恩惠的福音，平安的福音，和平的福音和荣耀的福音等等。这些许多不同的称呼，或是宣告福音的目的，或是阐述福音的来源，或是着重福音的内容，或是显明福音的果效，但都是论到同一个福音，就是无限慈爱的天父上帝为我们人类预备的生命拯救。

福音的奥秘

上一章，我们看到因着耶稣基督死在十字架上，悖逆且在罪中的人类凭着相信，罪就得赦免，就被上帝称义，恢复了与上帝的关系。这是福音赦罪的信息，但福音并没有停留在赦罪上。在新约圣经的书信，哥林多前书第15章3-4节告诉我们：**弟兄们，我如今把先前所传给你们的福音告诉你们知道；… 我当日所领受又传给你们的：第一，就是基督照圣经所说，为我们的罪死了，而且埋葬了；又照圣经所说，第三天复活了。**福音的信息还有耶稣基督第三天复活内容。这第三天复活的福音信息是什么意思？对今日的你我又有什么作用呢？

在约翰福音第20章记载了耶稣基督复活的那天晚上，门徒们聚集在一个屋子里，耶稣基督向他们显现，说：愿你们平安！然后向他们吹气，说：**你们受圣灵！**仅仅读这段圣经，耶稣基督向门徒吹气和说**你们受圣灵**，给人的感觉不过是一个象征性的表记；但是，如果把吹气和受圣灵这件事放在整本约翰福音，乃至整本圣经来看，耶稣基督复活的那天晚上向门徒们吹气，就是人类生命中接受圣灵的开始，就是人类可以获得重生和新生命的开始。

在本书第六章谈到人类生命的体、灵和魂时，读者看到创世记第2章中上帝创造人类的细节。当上帝创造了人的身体后，向人的鼻孔吹入生气，人就成了有灵的活人、活魂。在伊甸园中，上帝明确告诉亚当，不要吃分辨善恶树上的果子，吃的日子你必死。后来，亚当和夏娃吃了分辨善恶树上的果子，他们并没有马上死去，圣经记载亚当活了930岁才死。那么，难道上帝说的话落空了吗？当然不是，我们在圣经后面的描述中看到，亚当和夏娃在吃了分辨善恶树上的果子后，死掉的是灵魂中与上帝交流灵生命的那一部分，他们及后来的人类从此断绝了与上帝的关系；这就如同一个人死了，与世界的关系彻底断绝了一样。

耶稣基督在复活的那天晚上也通过吹气，将圣灵直接吹到门徒们的里面，在他们里面灵生命的那一部分与上帝的交流关系就恢复了。这正是耶稣基督在上十架之前给门徒们的应许。约翰福音第14章中，耶稣在预言了自己的受死后，安慰门徒们说，**我要求父，父就另外赐给你们一位保惠师，叫祂永远与你们同在，就是真理的圣灵，… 因祂常与你们同在，也要在你们里面。我不撇下你们为孤儿，我必到你们这里来。**保惠师在希腊原文中的用字是paraklētos，意思是指一个被招请到另一个人身旁的帮助者，有中保、安慰者、说服者、辅导者、辩护者、代求者和坚固者的职能。人与上帝的关系断绝了，不知道自己

从那里来，心灵无安息之处，就是一个孤儿的情形，无依无
靠，无人安慰，无人帮助，住无定所。耶稣基督告诉并应许门
徒们，保惠师就是圣灵，在祂被钉十架受死之后，他要求天
父，赐下圣灵，永远与门徒们同在，并要在他们里面做随时的
帮助。这样就发生了复活的耶稣基督向门徒们吹气说：**你们受
圣灵！**这件事。

在约翰福音第15章中，耶稣基督用葡萄树和枝子的比喻告
诉门徒们圣灵在他们里面意思：**我是葡萄树，你们是枝子；常
在我里面的，我也常在他里面，这人就多结果子。**葡萄树和枝
子的关系是生命的连接，枝子离开了葡萄树必然枯萎，而枝子
连于葡萄树就必然会得到生命的供应结出果实。同样，人因信
称义和接受圣灵后，生命中从此有了圣灵，就会结出与圣灵相
称的果子，也就是圣灵的彰显。以前的人圣经称之为旧人，而
有了圣灵后的人圣经称之为新人。旧人的生命是继承亚当的生
命，是从泥土受造的、是属土的、是必死的生命；而新人的生
命是从耶稣基督而来的，是属天的、是永远的生命。这就是圣
经所说的重生。

在约翰福音第3章中讲述了一位犹太人的教师，看到耶稣
行了许多神迹奇事后，夜里带着许多的问题来问耶稣。耶稣开
门见山地说：**人若不重生就不得见上帝的国。**这位老先生不懂
重生的意思，问道：**人已经老了，如何能重生呢？岂能再进母
腹生出来吗？**耶稣明确地告诉他：**人若不是从水和灵生的，就
不能进上帝的国。**可见，重生就是从水和灵生；从水生，就是
人因相信耶稣基督死在十字架上是自己罪的缘故，浸到水里，
悔改，就是因信称义；而从灵生，就是接受圣灵，这样人与上
帝生命的关系得以恢复，人称上帝为天父。这样，无论是上帝

之前拣选亚伯拉罕的后裔，还是所有的其他人，都成为上帝的后嗣，都蒙受上帝的应许和祝福，这就是福音的奥秘。

福音与宗教

福音两字听起来确实非常宗教，世界三大宗教之一，基督教，所用圣经的核心内容就是福音，圣经新约的开始四卷书就是福音书。然而，福音不是宗教，也不是宗教的信息，并且福音是与宗教相对的。

宗教的定义[1]是联系人与神祇或超自然、神圣存在的文化体系，是基于道德和敬拜的信念，为要达到永恒的盼望所建立的系统，包括敬拜的对象、敬拜的地点、传统的仪式、仪文和经文，对人的行为有教义规范的要求和价值观和世界观的要求。简单地归纳，宗教包括三个层面的内容，其一为教义体系，二为教仪规范，三为对人的行为有教义和教仪的要求。按这样的定义，上帝确实在圣经旧约时期，也就是公元前1500年左右，为以色列人设立了宗教，也就是今天的犹太教起头。在第6章中，谈到心灵崇拜或宗教敬拜是人类所特有的本能，上帝设立宗教的目的是严禁以色列民拜偶像和假神；归正以色列民的行为和道德规范；通过以色列向其他民族传扬上帝和归回上帝。然而，上帝完全无意借着耶稣在这个世界的降生，设立新的宗教，就是基督教，包括天主教、东正教和基督新教各类教派；更无意像世人认为的那样设立耶稣基督为基督教教主。基督耶稣自己也不是基督教的创始人，更不是宗教领袖。从四卷福音书对耶稣的描述和后面使徒行传的记载，相信读者可以得出这样的结论，福音完全是在宗教以外，并且是与宗教相对的：

---

[1] 参见 https://zh.wikipedia.org/wiki/宗教

- 耶稣成孕在一个偏远山区小城（拿撒勒），一个普通童女的腹中，出生在一个小城（伯利恒）客栈的马棚里，祂的婴儿床是马吃食物的马槽。
- 耶稣以弥赛亚（指上帝所选中的人）和犹太人的王身份来到这个世界，但来朝见婴儿耶稣的是在旷野的牧羊人和三个从东方远道而来的博士。
- 耶稣在拿撒勒山区小城长大，以木匠为生，直到30岁。
- 耶稣30岁出来传讲上帝的真理时，被施浸者约翰（一个在旷野生活，穿骆驼毛的衣服，吃野蜜和蝗虫的人）引见给世人，他向世人宣告说，**看哪，上帝的羔羊！**
- 耶稣召的12个门徒，都是非常普通的人，其中主要是打鱼和补网的人，还有收税的人。
- 耶稣在3年半的时间里，传讲上帝的真理，行神迹奇事，以大能显明他是上帝的儿子。
- 耶稣在3年半的时间里，祂干犯了犹太宗教禁食和守安息日的规条，突破了犹太宗教敬拜的规条。
- 耶稣随后被犹太教宗教领袖和罗马政权钉死在十字架上。
- 耶稣3天后复活，显明给众人看见40天之久，并向门徒们和跟随祂的人显现各种异像，启示圣灵，启示犹太民族与世界上所有民族同享福音。
- 随后在使徒行传中看到，门徒们和后来相信耶稣的跟从者在一起聚集，传讲耶稣基督，传讲福音，赞美上帝。在那些聚集里，没有祭坛、没有祭物、没有祭司、没有仪式。他们天天同心合意恒切的在殿里，且在家中擘饼，存着欢喜、诚实的心用饭，赞美上帝，得众民的喜爱。（使徒行传第2章）。

　　上帝借圣经给世人的启示和耶稣基督自己所传讲的信息、以及祂的所作所为给世人的启示，清清楚楚地告诉人类所有宗教的事，所有人类天性中对敬拜的表达（宗教）、对道德的追求（做一个好人）和对永恒的向往（永生），都是徒劳的，都是虚无的。就是在圣经中从摩西五经发展出来的犹太教也是暂时把犹太人圈起来，与世界其他民族分别出来，并让犹太人建立对上帝的信仰。

　　福音就好比在创世记中以色列人的鼻祖雅各所梦见的梯子，<u>立在地上，顶到天上，有上帝的使者在梯子上，上去下来。</u>（创世记第28章12节）福音的信息是从上帝而来，是上帝从亘古以来的旨意，是上帝借耶稣基督传递和启示给我们人类的真理，也是我们人类认识创造者、回归上帝、通向永恒、进入上帝国度的唯一道路。正如耶稣说：<u>我就是道路、真理、生命，若不借着我，没有人能到父那里去。</u>（约翰福音第14章6节）。这句话告诉我们，耶稣基督就是那雅各梦中通天的梯子，就是那通向天国的道路。若不是上帝启示，人类不可能认识这条道路；若不是耶稣基督自己做成那立在地上顶到天上的梯子，人类不可能脱离这满了罪的世界，走上这通天的道路；若不是上帝赐下圣灵，人类更不可能有去天国的生命和能力。在福音上，人类没有也不可能有任何贡献，人类唯一需要做的就是领受福音，就是相信福音。这就是圣经福音和世界宗教的区别。

　　人类生命中的一切事唯有人类的创造者上帝告诉我们的才是真实的。唯有福音和福音所启示的真理，告诉了我们人类应当怎样敬拜，怎样完备我们的道德和怎样预备我们的永恒。除此之外，所有人类自己设立的宗教、人类自己发明的各样学说，虽然在人类的历史长河里起到了一定的积极作用，但终归是徒劳的、终归是捕风的。

读者或许会问，今日赞美上帝、讲解圣经、传扬福音的基督教，是不是宗教呢？比较初代教会对上帝和耶稣基督纯真、对福音的火热、与上帝祷告的持守和教会里的和谐喜乐，今日教会或多或少变成了与政治与利益结合的产物、或多或少与世俗的掺杂、或多或少对福音不冷不热、或多或少偏离了福音的真理、或多或少变成了外面的形式和仪式。这就如美国牧师，作家陶恕[2]所说："今日的教会愚拙地以为已经得胜、被社会接纳了，其实是已经投降于这个堕落的社会了。"这也就难怪赞美上帝、讲解圣经、传扬福音被界定为宗教活动；教会被界定为宗教团体，并冠以基督教的名称。读者可以看看圣经启示录第二、三章对亚细亚七个教会描述，这七个教会实际上是2000多年来基督教各宗派的缩影。耶稣基督对七个教会勉励和责备，两个关键字：持守和悔改。持守那起初的爱，持守那起初所行的事，持守那起初所领受的福音真道，和从偏离的道上悔改回来。

至此，我相信读者理解了福音不是宗教，不是规条；是深切爱着人类的上帝给陷在罪中的人类的拯救，是满有怜悯和恩赐的上帝为我们人类带来无限浩大的新生命恩典。约翰福音第3章16节用一句话清楚传达给全人类这个福音的宣告：**上帝爱**

---

2 陶恕（A. W. Tozer，1897 - 1963年）博士，美国宣道会牧师，作家，出版《渴慕神》（The Pursuit of God），《认识至圣者》（The Knowledge of the Holy）等40多本书籍。

世人，甚至将祂的独生子³赐给他们，叫一切信祂的，不至灭亡，反得永生。世人就是在世界中没有种族区别的全人类。上帝以祂那亘古不变的爱，没有加任何条件的爱，爱着世间所有的人。这爱到甚至的地步，将祂的独生子耶稣基督，就是祂自己的彰显，降生到世界，并且死在十字架上。这就将上帝的爱完完全全地表明在世人面前，让一切相信祂的人，也就是相信耶稣基督、领受圣灵的人，可以脱离罪的审判，可以逃避灭亡的刑罚，可以在耶稣基督那非受造的生命里得到不仅在时间上是永久的，而且在本质上也是永远的生命。福音就是这样一条爱的好消息。

人对福音的反应

面对无限慈爱的天父上帝，面对无限浩大的恩典福音，你我会如何反应呢？是醒悟接受，是冷酷拒绝，还是感恩领受呢？在圣经福音书中有对这三类人的描述。我们来看两个故事，路加福音第15章耶稣讲述了一个父亲和两个儿子的比喻故事，和马可福音第14章记载的一件美事，就是一个女人用贵重的香膏倒在耶稣身上的故事。

一个父亲和两个儿子的故事

这个故事的情节和人物都非常简单，一个富有的父亲和两个儿子住在乡间，大儿子在家中规中矩，听父亲的话，并且勤劳工种；小儿子生性不羁、自由放任、并且叛逆。一日，小儿子提出要分家产。在当时的近东地区，父亲未去世就分家产，

---

³ 独生子这个词是希腊文monogenes的翻译，表示的意思是持续为其种类或族类中唯一一个，独一无二；这句话表达耶稣是独一无二从上帝而来，与上帝有共同的神性。

是极其大逆不道的事，相当于咒诅父亲快死，父亲面对这样羞辱和悖逆，仍然尊重小儿子的意见，同意了。小儿子在分得家产之后，就离家出去闯荡，过着花天酒地、放纵的生活。不久他就耗尽了所有，只好靠养猪的工作来维持生计，但就是吃猪食充饥都是困难。某日他醒悟过来，决定回家，并且在路上想好了如何向父亲认错。在离家还远地方，他的父亲看到他回来的身影，就跑过去迎接他，拥抱他；拿出上好的衣服和鞋子给他穿上，遮盖他的赤身裸体和褴褛衣衫；给他戴上戒指，恢复了他儿子的名分；毫无保留地接纳了这个灰头土脸的叛逆儿子；并且吩咐仆人杀肥牛犊举办家宴庆祝他的回家。

　　17世纪荷兰著名画家伦勃朗[4]根据这个故事创作了一幅题为《浪子回头》的油画作品（The Return of the Prodigal Son，收藏于俄罗斯圣彼得堡艾米塔什博物馆）。画面中的小儿子光着头，没有穿外衣或袍子，只穿着棕黄色破旧不堪的内衣，双膝跪地，破烂的鞋子左脚掉落在地上，右脚露着后跟。他依偎在穿着红袍父亲的怀中，低着头不敢直视父亲。画面中父亲前倾着身子拥抱着小儿子，双手似乎颤抖着抚摸小儿子的后背，面部表情慈祥，双眼下垂，可以让人感觉到眼框中的泪水，微微张开的嘴唇似乎在呼唤着小儿子的名字。

　　大儿子听说小儿子回家的消息和父亲对他的迎接，非常不高兴，拒绝参加家宴庆祝。父亲出来劝说他，他竟然数算他为家里的付出，与父亲争辩他在家里的待遇，指责父亲行事不公正。在伦勃朗的画中大儿子也穿着红袍站着，袖手旁观，冷漠的表情，表达了他排斥和反感的心情。面对苦毒和顽梗的大儿

---

[4] 伦勃朗·哈尔曼松·范·莱因（Rembrandt Harmenszoon van Rijn，1606-1669年）被称为荷兰历史上最伟大的画家。

子，父亲用无比的慈爱劝说，希望他能理解为父的心，为他弟兄的回来，全家团圆而欢喜快乐。故事停在那里，父亲没有强迫大儿子参加家宴，就如他没有阻止小儿子分得家产离家出走一样。

我们人大多有两种生活意识，自由意识或保守意识；或随着年纪的增加，家庭角色的改变，社会地位的变化，在两种意识间变换。在年轻的时期，大多数的人总想无束无拘；渴望新的体验，探索新的想法；用自己朦胧的道德观和启蒙的知识，挑战保守的权威；总想在生命中发现自我，找到自我。这种自由意识可以说是人类文化中自由主义的自然表现。自由主义认为人性本善，然而这善良本性被社会的文化逐渐扼杀，被社会的虚伪渐渐吞噬，人必须打破这样的禁锢，在平等的社会中找到自我，在自由中拾回本有的善良，这样，人类才不会从本性的善良滑落到虚假的伪装。上面故事中的小儿子就是一个自由意识的人，在当今的社会中可以说是持自由主义思想的左翼人群。

随着年纪的增长，知识的积累，角色和地位的改变，我们大多数的人会发现家庭、团体和社会的约束是必须的、规范是必要的。我们的思维就会倾向于保守意识，也就会承认权威、维护道德规范、保持洁身自律。这就是人类文化中保守主义的自然意识。保守主义认为人性就是自私的、是恶的，人只考虑到自己，如在第二章谈到威廉·戈尔丁的经典寓言小说《苍蝇王》，在那群有文明教养的小孩子落在一个荒岛上，随着衣衫的破旧，身体渐渐裸露，随着文明意识的淡忘，在没有约束的环境下，自私和恶的本性就会渐渐敞露。因此，保守主义认为社会道德对人的规范是必须的，文明对人的教育也是必须的，这样，人类才能成长，社会才能进步。上面故事中的大儿子就是一个保守意识的人，并且以自己认为的好行为自居，在当今的社会中是被称为持保守主义观点的右翼人群。

当然，除了极少数人具有极端自由主义的左翼思想或极端保守主义的右翼思想，我们大多数人的思维意识都不是极端的自由或极端的保守，在生活中表现的都是一种自由意识的倾向或保守意识的倾向。如果用蓝色表示自由意识，红色表示保守意识，我们大多数人的意识都落在从蓝色到红色的中间渐变色区域内。

故事里的父亲给我们展示了一种完全不同的意识，既不是自由，也不是保守，更不是任何中间地带，而是爱的意识。我们每个人都有爱的意识，但故事里的父亲给我们展示的那种爱，对于21世纪的我们似乎熟悉，但又似乎难于理解。实际上，耶稣讲述的这个比喻故事对于当时的听众，对于当时犹太社会中的法利赛人也是对他们自义的挑战。据说，当时的犹太社会，如果这样大逆不道、离家出走的孩子回来，父亲要召集全族的人，把一个装容器的盆子掷到地上，摔得粉碎，表明覆水难收，父子关系断绝。故事里的父亲没有丝毫计较两个成年儿子的过犯、顽梗和悖逆，没有严厉教训两个不懂事的儿子，总是那样地接纳他们、包容他们、用慈爱对待他们。

故事里的父亲寓意天父上帝，他对两个儿子的爱，就寓意天父上帝对人类的爱。无论我们是"道德低下的坏人"，或是"道德高尚的好人"；无论我们是生在古代封建部落时代，还是今天民主共和时代；无论我们的思想是自由主义的左翼，或是保守主义的右翼；无论我们是顽梗，还是悖逆；祂都是一如既往地爱着我们人类。

故事里的小儿子是违背社会规范和行为准则、懒惰的、堕落的、"道德低下的坏人"；大儿子是遵守社会规范和行为准则、工作勤恳、"道德高尚的好人"。面对慈爱的父亲，两个儿子的表现都是迷失和拒绝。小儿子在环境的艰难中，在生活的窘况中，醒悟过来，决定回家，与父亲和好；大儿子却站在道德的制高点上，对小儿子和父亲横加指责。小儿子归回后，得到来父亲的拥抱和接纳，进入了父亲爱的宴席；大儿子虽然身体没有离家，但心却站在家的门外，拒绝参加父亲爱的宴席。小儿子是迷失醒悟回归；大儿子是执迷顽梗拒绝。我们每个人或像小儿子、或像大儿子、或在我们的思想和行为中或多或少有小儿子或大儿子的成分和表现，面对慈爱的天父，你我会如何选择呢？

一件美事

在《圣经》四本福音书中有三本都记载了在耶稣被钉十架的前两天，有一个女人用及其贵重的香膏倒在耶稣的身上的事，耶稣称她做的是一件美事。我们来看看马可福音第14章3-9节的记载：**耶稣在伯大尼长大麻风的西门家里坐席的时候，有一个女人拿着一玉瓶至贵的真哪哒香膏来，打破玉瓶，把膏浇在耶稣的头上。有几个人心中很不喜悦，说：何用这样枉费香膏呢？这香膏可以卖三十多两银子周济穷人。他们就向那女人生气。耶稣说：由她吧！为什么难为她呢？她在我身上做的是一件美事。因为常有穷人和你们同在，要向他们行善随时都可以；只是你们不常有我。她所做的，是尽她所能的；她是为我安葬的事把香膏预先浇在我身上。我实在告诉你们，普天之下，无论在什么地方传这福音，也要述说这女人所做的，以为记念。**

哪哒香膏是一种昂贵的香精膏油，是从哪哒树（Nardostachys Grandiflora）根和茎提取的油脂制得的香膏。其中又以产自印度北部喜马拉雅寒冷山区的哪哒香膏尤为珍贵，称为真哪哒香膏（Spikenard）。香膏呈红色，据说是世界上最香的香膏。在古代深受罗马、埃及、波斯和中东地区人们所喜爱。从上面的圣经中我们看到，一瓶真哪哒香膏价值三十多两银子，相当于一个工人整年的薪资，如果用现在的薪资估值，这实在是非常昂贵。

　　对于古代中东地区的一个少女来说，真哪哒香膏的价值远非三十多两银子。据说那时的母亲会尽一切所能为出嫁的女儿预备一玉瓶真哪哒香膏。这种玉瓶上面无口无盖，瓶底有一小孔，香膏从小孔灌入瓶内，盛满后将小孔封闭。出嫁的少女到了夫家，打破玉瓶，使全屋满了香气，再将香膏盛到另一器皿中，这样新婚夫妇在以后的日子里就可以一同享用。因此，真那达香膏又称为童女香膏，是少女童贞的记号。

　　这个女人为什么将这样一瓶代表自己少女童贞的玉瓶打破，把膏浇在耶稣的头上呢？从其它两本福音书，我们知道她的名字叫马利亚。她的父母在福音书没有提起，可能已经去世。她与姐姐马大和兄弟拉撒路同住，家境并不富裕。耶稣与这兄妹三人关系甚好，常到家中做客；期间都是姐姐马大在厨房预备饭食。在这件美事发生前约一周多的时间，兄弟拉撒路病了；姐妹俩打发人告诉耶稣，请耶稣赶快过来医治。耶稣有意耽误了两天，然后出发去住在伯大尼她们家。当耶稣到的时候，拉撒路已经死了并且埋葬四天了。姐妹俩出来迎接耶稣，言语中埋怨耶稣没有及时赶过来医治拉撒路。耶稣告诉她们：**你兄弟必然复活。**面对她们和其他人的不信、哀哭和埋怨，耶稣悲叹人们的小信。祂来到坟墓，叫人挪开墓门的石头，大声呼叫：**拉撒路出来。**拉撒路裹着裹尸布从坟墓出来了。少女马利亚经历了兄弟拉撒路病的折磨、死的悲痛和复活的喜乐，在听到耶稣说祂将在逾越节被钉在十架上受死，她抓住机会，在宴席开始前，将玉瓶打破，义无返顾地将代表自己少女童贞的真哪哒香膏献上，不计代价地将自己对耶稣的爱如香膏一样倾倒在耶稣身上。她告诉我们：以后的新婚，以后的新郎，在耶稣的面前都黯然失色，她的选择是耶稣。

　　我们每个人的生命从在母腹中受孕开始，每时每刻都在与环境抗争，都在与疾病抗争，都在与死亡抗争。我们每个活着的人都暂时是在死亡路上的幸存者，有的人可能只幸存1年，大多数的人可能70年，还有的人可能100年，所有的人只是幸存的时间长短，终归都有一死。我们每个人在人生舞台上，都是以悲剧为剧终。创造人类的上帝对此是无动于衷吗？深爱我们的上帝会熟视无睹吗？渴望"儿子"归家的上帝会不以为然吗？断乎不是！断乎不会！断乎不然！照着上帝美好慈爱的心意，在日期满足的时候，借着福音，上帝把祂对人类的爱显明出来；借着圣经，上帝将祂从创世之初以来渴望伊甸园中神人生活的心意表明出来。耶稣用使拉撒路死而复活的神迹，更是用自己死而复活的神迹改写了人类生命的剧本，死亡不是生命的剧终，而是剧间休息，死亡不是生命的终结，而是生命的翻篇。你我面对上帝的爱，面对使人复活的耶稣基督，面对生命与死亡，如何选择？如何反应？难道这世上还有什么比生命更珍贵吗？难道这世上还有什么恩典可以比耶稣为我们死在十字架上更大吗？难道这世上还有什么爱能与上帝的慈爱相比吗？马利亚义无返顾地做出了她的选择，她的选择就是我们每个人对福音应该有的反应。

什么是爱？

　　上面两个故事中，我们看到两种爱：一个父亲对两个顽梗和悖逆成年儿子的爱，和马利亚对耶稣那种义无返顾的爱。印度国父，著名政治家甘地[5]说过一句至理名言："Where there is

---

[5] 莫罕达斯·卡拉姆昌德·甘地（Mahatma Gandhi，1869 – 1948年）尊称圣雄甘地，印度国父，印度民族主义运动和国大党领袖。

love, there is life。"中文翻译为：有爱的地方，就有生命。或：
哪里有爱，哪里就有生命。可以说，爱是生命中最重要的东
西。是的，我们每个人生命的方方面面都感受爱，我们每个人
生活的点点滴滴都经历爱。从出生开始时的父母爱，在成长过
程中朋友的友爱，情侣之间的恋爱，婚姻中的情爱，为人父母
时的亲子爱。然而，爱的经历和感受却常常伴随着无休止的争
吵和极度的心灵折磨。爱是那么的真真切切，刻骨铭心；恨也
是那么的确确实实，痛测心扉。什么是爱？爱又变得那么的朦
朦胧胧，迷迷茫茫。

　　某天，我在咖啡店看书，猛不丁听到一个人说："I love it.
（我爱它。）" 抬头一看，旁边桌的一个年轻人捧着一杯热气
腾腾的咖啡在细细品尝。是啊，咖啡可以带给我们心旷神怡的
感觉，使我们爱上咖啡。我们爱一种食品、一道菜、一种运
动、或一件活动，是因为这些事物可以带给我们喜悦、放松和
高兴。而当我们爱植物、动物、或人，我们也会在意识里期待
植物、动物、或人给自己带来愉悦的感受。在这样的爱中，我
们并非爱我们所爱的对象，而是爱这些对象给自己带来的好
处，带来的好心情，带来的幸福感，这实际上是爱我们自己。
这完全不奇怪，当我们还在母腹里，在我们的婴幼年期，我们
都是从母爱中无条件获得和获取，这种得到的爱根深在我们的
潜意识里。

　　当我们爱植物和动物，爱到要朝暮相处，所爱的对象角色
就发生了改变，植物成为了花草，动物成为了宠物。对于花
草，为了得到花草的赏心悦目，我们需要施肥浇水，否则草会
枯萎、花会凋谢；对于宠物，为了得到宠物的陪伴安慰，我们
需要喂食呵护，否则宠物会死亡、会离去。如果说我们爱一件

事或一件物是因为事物可以带给我们喜悦、放松和高兴，那我们爱花草和宠物，在得到喜悦、放松和高兴之前，我们需要付出爱。

　　人类对于植物和动物的爱，主动权在人类，对于得到爱和付出爱，人类似乎可以掌控。对于人类自己，人与人之间的爱就不是得到和付出那么简单。人因着男女性别的差异，因着成长的环境不同，因着文化和教育的不同，因着社会地位的不同，还因着所在的家庭、团体、乃至国家的不同，对爱的理解、对爱的表达、对爱的给予、对爱的期待都可以不一样。爱到底是什么意思呢？1991年两位加拿大心理学家发表了一篇题为"从基本特征的角度看爱的概念"论文[6]。探讨爱的科学定义和类型学含义。他们发现从基本特征而不是从传统的角度可以更好地理解爱的含义，自然语言中爱的概念具有内部结构和模糊的边界，母爱，浪漫之爱，亲爱，工作之爱，自爱，痴情，这些是明确的爱，而善良的概念等等可以视为爱的子类或亚型，这样把爱从大爱到小爱进行排序，结果是他们排出了216种不同的爱，其中93种爱常常被人提及。爱在人类生活中如此丰富，爱在人类生命中如此重要，准确地表达爱、完整地诠释爱就是非常非常重要的。

　　《爱的艺术》是埃里希·弗洛姆[7]探讨爱的意义与爱的理论实践的书，自1956年出版至今已被翻译成32种文字，在全世界

---

[6] Fehr, B., & Russell, J. A., The concept of love viewed from a prototype perspective, Journal of Personality and Social Psychology（人格与社会心理学杂志），60(3), 425 – 438，1991，该论文至今已引用了170多次。
[7] 埃里希·弗洛姆（Erich Fromm，1900 - 1980）美籍德国犹太人，哲学家和心理学家，被尊为"精神分析社会学"的奠基者之一。

畅销不衰，被誉为当代最著名的爱的艺术理论专著。在这本书中，弗洛姆认为人是一种意识到自我存在的生命，因此有孤独感，为了克服孤独感，人类就有一个最基本的要求，就人与人的结合和交流。爱就是为了结合和交流而有的一种积极意识，进而产生的一种主动给予的行为。根据爱的对象，弗洛姆探讨了博爱、母爱、性爱、自爱和神爱。其中，弗洛姆认为博爱是构成人类一切爱的最基本形式的爱，所有人都有的一种爱的意识。

《四种爱》是上世纪英国知名学者和作家路易斯晚年的重要著作，堪称爱的经典。他从四个希腊字：Storge，Phileō，Eros和Agapē，将各种人类的爱归类为这四种爱：

Storge（亲爱，亲情，Affection）：是人与生俱来的天性，如父母与子女之间的父爱和母爱，生活在一起的夫妻之间的亲情，家人之间的亲情和手足之情。人与宠物之间也存在亲爱。

Phileō（友爱，友情，Friendship）：是人在生活中与兴趣爱好和三观（人生观、世界观、价值观）相同或接近的人产生的伙伴关系，进而产生的友情。简单的一句话就是：知心朋友之间的友情。路易斯认为友爱是非本能的，非与生俱来的，与生命联系最小，但确是宝贵的，具有心灵的感觉。

Eros（情爱，爱情，sexual or romantic love）：是人首先从对所爱对象的兴奋迷恋开始，进而转变为欣赏和渴望爱的对象本身，也就是爱情。路易斯认为爱情与性爱的欲望分不开，但绝对不是那么肤浅，而是情感的完全投入，超越对自我的关注。

Agapē（无私的大爱，仁爱，神爱，selfness love）：是无条件的爱，是完全的爱，甚至是自我牺牲的爱，舍命的爱。在人类爱的行为中，母爱，特别是母亲对自己婴幼儿的爱，可以折射一点点无条件的爱，但几乎没有人能对一个与自己没有关系的人行出舍命的爱，因此，Agape准确的翻译应该是圣爱，神圣之爱，Agape用来描述属于并来自上帝的爱。

路易斯看来，亲爱，友爱，情爱这三种人类的爱，若没有仁爱的成分，也就是舍己的成分，将无法结出甜美的果实。因为，亲爱，友爱，情爱都能为人带来甜蜜和温馨，但稍一不慎，痛和恨就会接踵而来。只有将亲爱，友爱，情爱这三种人类的爱向仁爱转变，才能克服人类爱中的危机和端正人类对爱认知的曲解。

完全的爱

从本书前面对生命的讨论，我们知道圣经是一本关乎生命的书，启示了生命的起源、生命的本质和生命的归宿。从上帝对人类那执着不离不弃的爱，我们也可以说圣经也是一本关乎爱的书。整本圣经，上帝从未停止向人显明祂的爱（Agapē），如约翰福音第3章16节那句福音的宣告：**上帝爱世人，甚至将祂的独生子赐给他们，叫一切信祂的，不至灭亡，反得永生。**这里的"爱"字，在希腊原文中的用字就是动词"agapao"，就是对福音 — 完全的爱的好消息，准确的诠释；又如上面谈到耶稣说的一位父亲和两个失散的儿子的比喻故事，故事里的父亲无论两个儿子是如何地离弃他，背离他，羞辱他，他都是无条件地接纳他们，无条件地爱他们。希腊原文新约圣经中，表达爱的意思用仁爱或神爱（Agapē，Agapaō，Agapētos）315次，友爱（Phileō，Philautos）28次，没有一次用情爱（Eros）和亲爱（Storge）。亲爱（Storge）这个字的反义词（Astorgos）倒是用过两次，表示无亲情的意思。在约翰福音第21章15-17节记载了一段耶稣与彼得的对话，很清楚地表达出耶稣与彼得对爱的不同理解：

　　他们吃完了早饭，耶稣对西门彼得说：约翰的儿子西门，你爱我比这些更深么？彼得说：主阿，是的；你知道我爱你。耶稣对他说：你喂养我的小羊。耶稣第二次又对他说：约翰的儿子西门，你爱我么？彼得说：主阿，是的；你知道我爱你。耶稣说：你牧养我的羊。第三次对他说：约翰的儿子西门，你爱我么？彼得因为耶稣第三次对他说，你爱我么，就忧愁，对耶稣说：主阿，你是无所不知的，你知道我爱你。耶稣说：你喂养我的羊。

　　在第一次及第二次问答中，耶稣所用的爱是完全的爱、无条件的爱（Agape），彼得虽然爱耶稣，但他因之前三次不认耶稣，实在说不出我爱你愿意为你舍命那样的大话，他没有勇气说他可以无条件地爱（Agapao）耶稣，他回答时所用的爱是友爱（Phileō）。因此，耶稣就体贴他软弱的心情，第三次问彼得时用了友爱（Phileō）这个字，表示耶稣不介意彼得是用什么样的爱来爱祂，只要爱祂就好。当然，彼得仍然是用友爱（Phileō）来回答耶稣。我们不去深究这一段圣经的意思，从三次问答中我们可以体会到耶稣表达爱的意思与彼得所说的爱是不同的。在新约圣经的其它章节中，在谈到家庭关系中的爱时，如丈夫与妻子，父母与儿女，所用的爱都是无条件的爱（Agape）。而我们在谈到家庭关系中的爱时，我们的意思多是爱情（Eros）、亲情和手足之情（Storge）。可见，我们所认知的爱与圣经中的爱是有差距的，正如圣经约翰一书第3章16节所说：主为我们舍命，我们从此就知道何为爱。这就是说耶稣被钉十字架，用他的死救赎我们脱离罪和死，让我们知道什么是爱，之前我们是不知道的。

我在第1章谈到2012年出版的哈佛大学人生实验阶段性报告《Triumphs of Experience》和哈佛大学医学院教授罗伯特·瓦尔丁格在2015年TED大会演讲中谈到的实验结论，人生的幸福和健康每一点都和爱有关，包括孩提时代与父母的爱，婚姻家庭中夫妻的爱和成年后人际关系的爱，概括地说就是"幸福就是爱"；这就是说，幸福取决于爱；这样看来，在我们不知道耶稣为我们舍命之前，在我们不知道耶稣为什么为我们舍命之前，在我们没有理解圣经的启示之前，我们不幸福的原因是因为我们不明白什么是爱；也就是说，我们唯有明白什么是爱，什么是真实的爱，并且活在我们的生命之中，我们才能获得幸福，真实的幸福。

第 9 章 真实的爱与真实的幸福

爱是恒久忍耐，又有恩慈；爱是不嫉妒，爱是不自夸，不张狂，不作害羞的事，不求自己的益处，不轻易发怒，不计算人的恶，不喜欢不义，只喜欢真理；凡事包容，凡事相信，凡事盼望，凡事忍耐。

《圣经》哥林多前书第13章4 – 7节

根本没有一种幸福，是没有上帝他自己在里面的，上帝不可能赐给我们这样一种幸福，它根本就不存在。

— 《荣耀之重》C. S. 路易斯

　　圣经哥林多前书第13章4－7节这73个字是上帝为我们人类对爱的诠释。与Agape表达的完全的爱、无条件的爱相比，爱的诠释没有舍命的意思。由于语言的限制，在中文和英文中没有一个单词可以表达出Agape的意思，我们不可能再造一个字表达这种爱，只能在爱的前面加上形容词或副词进行描述和限定，以避免人类语言在传递信息上可能产生的误解，如在描述属于和来自上帝的爱时，可以用仁爱，神爱，圣爱（holy love）。对于圣经哥林多前书第13章4－7节所诠释的爱，我在本书中用真实无伪的爱、真实的爱或真爱来表达。在我们人类的生命和生活中，不大有可能活出完全的爱，为他人舍命的爱，赴汤蹈火的爱，耶稣为我们甘愿上十架的爱；而活出真爱，就是圣经哥林多前书第13章4－7节73个字诠释的爱，倒是可能可以实行出来。

真 爱

　　初次读到并揣摩关于爱的73个字诠释时，不知道您会怎么想，对于我，这完全颠覆了我对爱的认识。这一句话由3个分句构成，从3个层面对爱加以说明解释。

　　第一分句，**爱是恒久忍耐，又有恩慈；**忍耐是指在经受困苦或艰难时，把痛苦的感情或内心的感受控制住，不让其表现出来。**爱是恒久忍耐，**表明爱对自己并非是一种愉悦的感受，而是在所爱的对象给自己带来痛苦时，在情感上要控制得住，不仅要做到不表现痛苦出来，而且还要有恩慈，也就是要宠爱慈惠，在行动上关心照顾，在言语上赞美鼓励；这样的忍耐和恩慈不是一次两次，而是恒久，也就是说一生之久。

第二分句，**爱是不嫉妒，爱是不自夸，不张狂，不作害羞的事，不求自己的益处，不轻易发怒，不计算人的恶，不喜欢不义，只喜欢真理；**连续八个爱"不是"，强调了爱一个人不应该有的行为：

"不嫉妒"是不羡慕他/她所拥有的，如才华，美貌，能力，财富和成功；

"不自夸"是不吹嘘自己，对自己的言语和行为不夸大其词，不大吹大擂；

"不张狂"就是不高举自我，不坚持自己的意见，不放纵自我；

"不作害羞的事"就是不做不当、不合适、不雅观，甚至猥亵，羞耻，见不得人或见不得光的事；

"不求自己的益处"就是不寻求和期望满足自己的事情，不追求自己的利益和顾及自己的情感；

"不轻易发怒"就是管理好自己的情绪，不容易被惹得发火，被挑起愤怒；

"不计算人的恶"就是不去思想所爱对象的言行给自己带来的伤害，不去寻求伤害带来的代价；

"不喜欢不义"就是不去同谋参与不公平，不公正，不公义的事，或不去赞许默认这样的事情；

一个人心中有爱，不会觉得这八项"不"是严格的约束条款，更不是对所爱对象的言行要求。当然，这样的爱是在**只喜欢真理**的基础之上，如果没有分别是非，没有真理，那爱就是溺爱，而不是真爱了。

第三分句，**凡事包容，凡事相信，凡事盼望，凡事忍耐。**四个"凡事"包括了与家人、亲友、同事、同学、朋友或陌生人相处时会经历的事；家庭里的事、工作中的事或社会上的事；无论是大事、小事、好事或坏事，或是对自己有益的事、或是亏负、甚至伤害的事，我们都应因着爱的缘故，以包容、饶恕、信任和相信的态度来对待所爱对象；并存着盼望的心愿和忍耐的意志，对今天的处境可以坦然处之，对今后的日子可以欢心领受。

　　这是什么爱的情感呢？这段真爱的诠释中我们看不到对自己情感的丝毫诉求，只有完全地舍弃自己和完全地接纳对方。真爱的诠释可以应用到我们生活中亲爱，友爱和情爱的各个层面，也适用于所有人际关系。我就将真爱放在几乎我们每个人都经历的婚姻关系中，体会一下真爱中的夫妻关系。

　　亚里士多德说过一句话："爱是一个灵魂住在两个身体里。(Love is composed of a single soul inhabiting two bodies.)"他的意思是两个人在善和德性品格上因友爱的缘故达到了一致。这句话应用到夫妻关系就很有意思了，虽然是两个人，在外面看上去两个身体，但两个人的灵魂因爱融合到一种程度成为一个，两个身体彰显出来的是一个意识、一个人格、一个灵魂。这确实是一个理想的完美的夫妻关系，两个人的人性品格、道德意识、心思意志、情感情绪都完全地包容融合为一个。这样的夫妻关系在现实中根本不会存在，有人调侃到：爱是在两个身体里至少住了四个灵魂。

　　圣经对婚姻关系的启示是二人成为一体。圣经马太福音第19章4－5节在论到休妻时，耶稣说：**那起初造人的，是造男造女。因此，人要离开父母，与妻子连合，二人成为一体。**圣经没有否定两个个体的独立人格和人性，而是两个独立男女结合成为一个你中有我、我中有你的身体。这是上帝起初对婚姻的设计，一男一女、一夫一妻，不分彼此，完全的舍己、完全的无我、完全的接纳、完全的委身、完全的融合，这就是真爱的彰显。

将真爱应用到我们生命中其它层面，应用到所有人际关系中，会是怎样呢？那样，在我们的生活中没有嫉妒、没有自夸、没有猥亵，没有羞耻，没有见不得人和见不得光的事、没有愤怒、没有仇恨；那样，我们的生活中只有包容、只有饶恕、只有坦诚、只有信任、只有公平、只有公正、只有喜乐、只有和平；这是美满幸福的家庭，这是和谐快乐的社会，这是那起初造人的上帝为人类安排的伊甸园。

真爱与人性

这样的生活谁人不想得到呢？这样的幸福谁人不渴慕呢？然而生活是很现实，在家庭生活中，婚姻伴随着使人极度疲劳的争吵，伴随着使人深深绝望的痛苦；在社会上，交往伴随着尔虞我诈，伴随着钩心斗角，伴随着恃强凌弱。美满幸福的家庭、和谐快乐的社会是如此憧憬丰满，然而现实又是如此残酷骨感。这难道真的如瓦尔丁格教授的答案："这是因为我们是人"吗？幸福就真的离我们人只有一"爱"之遥吗？

在第二章探讨人性时，我们看到人是一个以自私为本能具有一定分辨善恶的混合体；这样我们的善行不是亚里士多德说的至善，而是以自私的本能为动机，以付出之后能够得到回报为出发点；或获得他人外部的奖励，如夸奖、尊重；或获得自己内部奖励，如精神的愉悦，自我价值的体现。这是人类在相互交流层面、感知的层面、思想的层面，表现出"我"的存在；这可能不是刻意的自私和利己，而是潜意识本能。对于自私和利己，如果不是冷漠、贪婪、不顾廉耻、或损人；如果不是精致的利己主义[1]，自私利己并无可厚非，毕竟个体生命以维持自身的存在为原则。但是，真爱与我们自私的本性是完全背道而驰的。在真爱里，我们要做到完全地舍弃自己的利益和自己情感，要完全地接纳对方和完全地顾及对方的利益。在本性里，我们趋向于自私的潜意识和行为倾向，趋向于获得并维护自己的利益。我们人真是何等的苦啊！我们的理性告诉我们舍弃自己是幸福的保证，我们的本能要我们维护自己的情感；我们的理性告诉我们真爱是幸福的保证，我们的本能要我们爱自己。

在第7章我们知道堕落之后的人是不能靠自身的理性力量使自己从罪中摆脱出来的；同样的，我们也不可能凭着理性使自己从本性中脱离出来。感谢上帝和耶稣基督，赐下全备的福音；这福音对我们不仅是罪得到了赦免，不仅是永远的生命；这福音也是我们今生的拯救，使我们不是凭着理性使自己从罪中摆脱出来，不是凭着理性使自己胜过本能自私的潜意识，也不是凭着学术理论和教育再教育使我们可以克服自身的缺点，更不是凭着宗教拟文和自己的努力将自己修炼成一个好人，一个圣人；而是所赐给我们的圣灵将耶稣的爱、上帝的爱浇灌在我们心里，在上帝完全的爱、舍命的爱（Agape）中，使我们的生命可以活出真爱。

---

[1] 精致的利己主义出自北京大学钱理群教授的文章和话语：⋯ 精致的利己主义者，他们高智商、世俗、老到、善于表演，懂得配合，更善于利用体制达到自己的目的。

真爱的秘诀

在马利亚将极其贵重的真哪哒香膏倾倒在上帝的儿子耶稣身上，耶稣实实在在地告诉我们：普天之下，无论在什么地方传这福音，也要述说这女人所做的，以为记念。耶稣为什么将福音和马利亚表达对耶稣那种义无返顾的爱联系在一起，要传扬，要纪念呢？耶稣在论到律法的总纲时说：你要尽心、尽性、尽意爱主，你的上帝。这是诫命中的第一，且是最大的。其次也相仿，就是要爱人如己。（马太福音第22章37－39节）为什么要义无返顾地爱耶稣？为什么要尽心、尽性、尽意爱上帝？记载在路加福音中耶稣说的一段话，就更是令人费解了。耶稣说：人到我这里来，若不爱我胜过爱自己的父母、妻子、儿女、弟兄、姐妹和自己的性命，就不能作我的门徒。（路加福音第14章26节）耶稣怎么会这么自私呢？是上帝缺少爱吗？我们人爱上帝，上帝肯定会心得满足；但上帝并不缺少爱，因为上帝就是爱，爱的源头。其实，耶稣这里强调了一个爱的秩序，以爱上帝爱耶稣为首位是为着我们人的益处，这是我们生命中活出真爱的秘诀。

我们先来看看人与人之间爱的自然秩序，在我们出生后生活的原生家庭中，爱的秩序是首先爱自己，其后是爱父母，爱家庭其他成员，如兄弟姐妹，再其后是他人。在这样一种爱的自然秩序中，家庭关系比较明确，家庭的矛盾也比较少。当我们结婚成家后，组成了新生家庭，家庭成员是配偶和孩子，双方的父母和兄弟姐妹有时也会介入到家庭关系中，这样爱的秩序就发生了变化。有一个千古伦理假想伦理难题：如果你的妻子和你的母亲同时掉进水里，你先救谁？这是一个爱的秩序问题，一个人对配偶的爱和对母亲的爱，谁是第一，谁是第二的问题；也引发天下婆媳关系这一大难题，这个爱的秩序关系到家庭的和谐和人生的幸福。

德国哲学家马克斯·舍勒[2]在谈到爱的秩序时，他认为一个人爱的秩序与其一切意向性情感行为和认知行为密切相关。从一个人行为，可以还原其爱的秩序，也就是最基本的道德核心和价值核心。舍勒说："一个人爱的秩序规定着这个人最基本的决定要素：在空间，这个人的道德处境，在时间，这个人的命运。"可见，一个人爱的秩序反映了一个人最本质的道德取向和自己的价值取舍，爱的秩序不仅关系到人生的幸福，而且关系到人生的命运，可见这是何等至关重要。

耶稣将爱的秩序定规为第一爱上帝，第二爱人如己，这完全颠覆了我们人天然的观念。在许多年前，我第一次读到路加福音第14章26节记载的耶稣说的话，我的内心是非常反感的。我当时认为耶稣在说要我们放弃自己的家庭，放弃自己的幸福，甚至放弃自己的性命，去追寻祂；这无异于要人做一个修道士，也无异于佛教的和尚出家。这样的宗教对我有什么意义？对我的人生有什么帮助呢？对家庭有什么好处？对整个社会又有什么益处呢？那么，我们就从上帝、自己和他人这三角爱的关系，来看看为什么耶稣要说这句话，为什么我们人天然的观念是错的，为什么在爱的秩序中第一位必须是上帝。

首先，在这三角爱的关系中，我们需要清楚上帝与我和他人爱的关系。在本书前面谈到生命时，我们已经明确生命源于创造。追溯人类生命的终极家谱，最终推述至全人类的始祖亚当，而亚当的生命源于创造，圣经上也明确指出亚当是上帝的

---

[2] 马克斯·舍勒（Max Scheler，1874 - 1928）哲学人类学的主要代表。

儿子，因此，人是上帝的儿子，上帝是人的父亲，我们称上帝为天父，上帝称我们为祂的儿子，这种亲密的称呼，于情于理都是恰当的。我们也知道始祖亚当因被诱惑背离了上帝，导致全人类都落在罪中，但上帝天父不计较你我们的悖逆、顽梗，祂一如既往地爱着我们人类。在第7章我们看到，为了解决人类罪的问题，为了将悖逆失丧的人类带回到祂的家中，上帝早在3500多年前通过圣经旧约启示赎罪的概念，到2000多年前祂主动差遣祂自己的儿子耶稣降世为人，以替罪羔羊的样式死在十字架祭坛上，成为我们众人的赎价。使一切相信这客观历史事实的人可以恢复那起初与上帝的父子亲情关系。在旧约时期，上帝借犹太先知耶利米对以色列民说：**我以永远的爱来爱你，因此我以慈爱吸引你。** （耶利米书第31章3节）在新约时期，祂仍然在说：**上帝爱世人。** 上帝对人类这种的爱是无条件的爱、是完全的爱、舍命的爱，就是上面谈到的Agape。

圣经除了启示上帝与人这种父子爱的关系，还启示上帝与人的关系是牧人与羊群的关系，牧人怎样牧养顾惜他的羊群，上帝也是怎样牧养顾惜归于祂的人，耶稣更是称自己<u>是好牧人，好牧人为羊舍命。</u> （约翰福音第10章11节）这就是上帝对我们舍命的爱。

为了让我们人类能够更深地理解上帝与人的关系，圣经还用我们人类的婚姻盟约和亲密情爱的关系来比喻上帝与祂的子民之间盟约的关系，上帝与我们每个人之间个人亲密的关系，启示了上帝对人的信实慈爱和人应对上帝的忠诚委身；启示了上帝期待我们与祂之间的关系如同妻子与丈夫之间拥有的真挚和热情。耶稣称自己为"新郎"，天国则是一场婚宴，在祂第二次来的时候是羔羊婚娶的时候到了，新妇也自己预备好了。
（启示录第19章7节）

　　为了清楚表达上帝和我们人类之间爱的关系，我用三角形图来表示，三角形的三个顶点标记为G，M和P，分别表示上帝、我自己和他人。在这三角爱的关系中，上帝对我们人类爱的关系是完全明确的，在第一个虚线三角形外用G — M和G — P的箭头实线来表达。上帝对我们每一个人的爱都是一样的，不会因我们的种族、皮肤的颜色、性别、我们的贫富地位而有任何区别，因此，箭头实线的长度是相等的，三角形是一个等腰三角形。

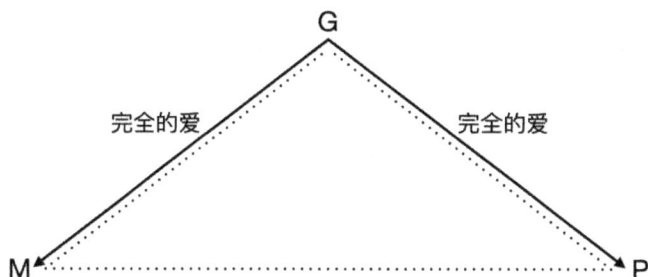

　　其次，我们需要清楚知道在这三角爱的关系中爱人如己包含了爱自己。如前所述，我们爱自己是人的本性，自爱本身不仅不是错的，而且是必须的。生在罪中的人类，一生尽是劳苦愁烦、焦虑、紧张、愤怒、沮丧、悲伤、痛苦、失望、懊恼、生气等等负面情绪时常伴随我们，我们可能陷入情绪的低潮，自卑自怨、自怜自艾，自暴自弃。当我们确知我们是按上帝的形象所创造的，认识我们每个人都是上帝所爱的，这让我们从自己与上帝的关系的角度来看待自己，来爱自己，来珍惜自己的生命。

　　明确了上面两点，下面从我们人自己的角度来看看这个三角形因爱的关系而发生的演变。在前面的论述中，我们看到天然的人，都有敬拜的意识，在我们的天性里都知道我们的创造者上帝的存在，这是上帝在我们心中显明的，但我们将上帝的真实变为虚谎，用各种偶像替代上帝，去敬拜事奉受造之物，不敬拜创造者上帝，也不荣耀祂，更不感谢祂。人既然这样诋毁上帝，就谈不上与上帝爱的关系，在第一个三角形中，用M—G和P—G虚线表示。

　　即使我们知道创造者的存在，敬拜创造者上帝，荣耀祂，感谢祂，但在我们的天然意识里，上帝和我们人的关系是创造者与受造物的关系，如同高高在上的君王与他的臣仆的关系，主人与仆人的关系。没有上帝和圣经的启示，我们不会明白人类对上帝爱的关系。因此，在第一个三角形中，M—G和P—G之间仍可用虚线表示没有爱的关系。

　　而从上面的讨论我们知道天然的人与人之间虽有爱，但并不懂得什么是真爱，人与人之间爱的关系是不明确的，我们所有的亲爱、友爱和情爱，都会因爱生恨；我们所经历亲情，友情和爱情，都会移情别恋，甚至反目成仇。在图中用M—P虚线来表达人类之间没有真爱的关系。因此，第一个三角形的三边都是虚线，表示了我们人对上帝没有爱的关系，我们人之间也没有真爱关系。

　　我们来看第二个三角形，当M听到了福音，明白了上帝与我个人之间爱的关系，明白了耶稣基督被钉十字架是因为上帝爱我，要救赎我脱离罪的辖制和死亡的命运，要恢复我与上帝的关系，回到上帝的家中。圣经明确告诉我们，当一个人相信这些，圣灵就会加到这人身上，这人就获得了重生，就是一个新造的人。这样，人与上帝的关系就得到了恢复，我们可以坦然称上帝为阿爸父，**圣灵与我们的心同证我们是上帝的儿女。**（罗马书第8章6节）并且，**所赐给我们的圣灵将上帝的爱浇灌在我们心里。**（罗马书第5章5节）让一个人懂得爱上帝，并用真爱去爱他人。在第二个三角形中M — G之间的连线就从虚线转为实线，表示了人对上帝爱的关系，对上帝的爱回馈以爱的关系，并且随着对上帝认识的加深，这爱也加深，人与上帝的距离就越来越近，M — G之间的实线就越来越短。而M — P之间的关系，因着M对真爱的认识，M用真爱去爱P，但在P还不认识上帝时这个真爱还是单向的，用从M到P的箭头表示。

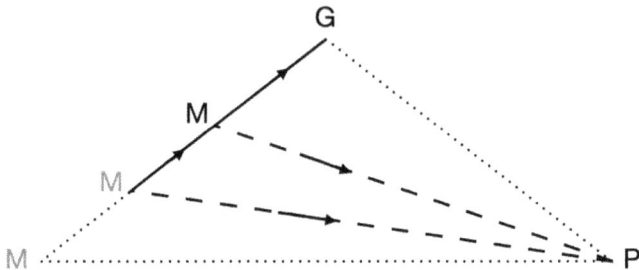

M与P之间的关系虽然因M的真爱有改善，但仍然是不牢固的，对于一个认识上帝的人与一个还没有认识上帝之人的关系，无论是父母儿女的亲情关系、朋友的友情关系、还是夫妻恋人的爱情关系，这些关系或许是责任和义务、法律和道德约束，或是会移情别恋的爱关系，而不是双方都从心里发出稳固的真爱关系。这就是第二个三角形所表示的人与他人之间爱的关系，用虚实线来表达M与P之间的连接关系；随着M对上帝的爱加深，M与P之间距离会稍有缩短，但仍然很大。

在第三个三角形中，当P也听到了福音，明白了上帝与他/她个人之间爱的关系，接受了耶稣基督生命的救恩，圣灵也将

上帝的爱浇灌在他／她心里，懂得爱上帝，并用真爱去爱他
人。这样，P — G之间的连线就从虚线转为实线，随着对上帝
的认识加深，人与上帝的距离就越来越近，P — G之间的实线
也就越来越短；而M — P之间的关系，因着P对真爱的认识，M
与P之间的爱成为双向的实线；随着M与P对上帝的爱加深，对
上帝的亲近，M与P之间距离也会越来越缩短，真爱也就越来
越加深。这就是第三个实线三角形所表示的人与上帝之间爱的
关系，及人与人之间真爱的关系。

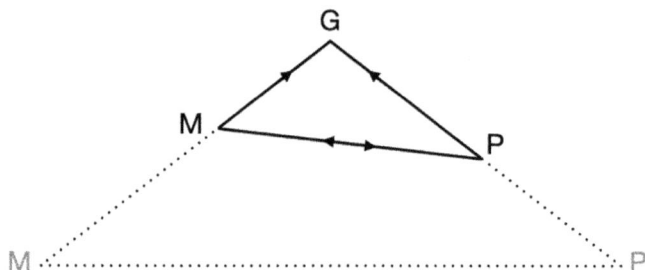

至此，我们可以看出上帝以祂无与伦比的完全的爱呼唤我
们，吸引我们，又借着圣灵把祂的爱浇灌在认识祂人的心里，
使在人心里的爱有根基。这有根基的爱，唤醒我们心里那**起初
的爱**，使我们可以回应上帝的爱；这有根基的爱，让我们认识
到自己是上帝手中的杰作，自己是上帝爱的对象，使我们用正
确的方式爱我们自己；这有根基的爱，使我们加深对上帝的认
识，借着圣经的启示，使我们可以越来越亲近上帝，舍己爱上
帝；这有根基的爱，让我们认识爱的真谛，使我们可以以一种
我们本性中没有的方式去爱自己周围的人，如耶稣说的爱邻
舍，这包括原生家庭的父母和兄弟姐妹，结婚成家后的配偶和
孩子，配偶的家庭成员，还有朋友和同事、甚至不认识的人。
当我们这样去爱周围的人时，这真爱的流露就吸引周围的人归

向上帝，当他们也恢复与上帝的关系，他们也爱上帝，也亲近上帝，这样，我们自己和自己周围的人就可以以真爱彼此相爱，在爱中享受彼此之间的亲密关系。这真爱的秘诀就是四个字：先爱上帝。

至此，我相信读者明白了耶稣为什么说律法的总纲中的第一是爱上帝，为什么说要尽心、尽性、尽意爱上帝，为什么说：**人到我这里来，若不爱我胜过爱自己的父母、妻子、儿女、弟兄、姐妹和自己的性命，就不能作我的门徒**。我们爱上帝，人与上帝之间爱的关系恢复，**圣灵将上帝的爱浇灌在我们心里**使得我们有能力在生命中活出真爱。

1700多年前奥古斯丁认识到人在堕落之后处在罪的状态，创造的原始秩序被破坏了，人既不能本然地爱上帝，也没有爱邻舍的能力。在他的著作《上帝之城》[3]中，秩序这个词出现了100多次；有序的爱（rightly ordered love）是贯穿全书的主题。他认为，上帝是一切美善的源头，人若忽略上帝，忽略上帝的美善，寻求其他次要暂时的美善，那么爱就失序了；而且当人对其它事物的爱，超越对上帝之爱，人也不可能维持其它的爱。他祷告说："给我里面的爱定下秩序！（Set an order of love in me!）"

在马利亚将极其贵重的真哪哒香膏倾倒在耶稣身上，她没有为自己有任何保留，只有向耶稣的奉献；她没有顾忌别人的眼神和讥笑，只求耶稣的喜欢。她那种义无返顾对耶稣的爱就是舍己的爱，就是胜过爱自己的爱。她展示给世人一个榜样，

---

[3] 《上帝之城》是奥古斯丁在公元426年所著，原文为拉丁文。当时罗马城已被哥德人攻破，罗马帝国衰退，奥古斯丁比较世俗之城与上帝之城从起源到结局过程中的根本差别，提出有序的爱这个观念。

告诉我们面对福音、面对耶稣在十架上为我们舍命的爱、面对
天父上帝那完全不变的爱，我们应当怎样爱上帝，爱耶稣基
督。当耶稣将传扬福音与述说马利亚倒香膏的事联系在一起，
祂告诉因着相信福音而重生的人，在生命中尽心尽性尽意地爱
上帝，将爱上帝为爱的第一秩序，在生活中就可以活出真爱，
这必翻转人本性中天然爱的观念，而使得生命得以更新而改
变。

三个维度上的幸福要素

　　至此，我也相信读者明白了为什么说幸福真的是离我们人
只有一"爱"之遥。我们本性中爱的观念是自私的，是为了满足
自己的情感需要；而当我们付出爱时，也是以从付出中回馈自
己的情感需要为条件，这样的爱不可能在真诚和真实里维系我
们的人际关系。我们的人际关系需要合约、法律、道德、甚至
社会舆论来维持；现在更可悲的是，合约可以随意撕毁，法律
可以横加践踏，道德渐渐沦丧，人性渐渐扭曲。在亲情，友情
和爱情中掺杂着交易、虚伪、虚假和欺骗。这样的人际关系，
怎样能满足我们人类真实的、喜悦的情感需要呢？更不用说持
续性地维持这种满足的、快乐的、稳定的幸福感。幸福从何谈
起呢？在2015年TED大会上瓦尔丁格教授对"为什么我们这么难
以感受幸福"问题的回答"这是因为我们是人"，实在道出了我们
人类的悲哀和无奈！

　　感谢我们的创造者上帝，在我们离弃祂时，祂仍眷顾我
们；在我们不认识祂时，祂仍顾念我们！

垂直维度向上的幸福要素

从上面的讨论，读者可以看到，在人垂直维度向上，完全爱的福音解决了人与上帝关系的问题，使人回到上帝的家中，亲近上帝，也成为蒙爱的对象；这是人心中永远的渴求。奥古斯丁在他的自传《忏悔录》说："你造我们是为了你自己，我们的心若不安息在你的怀中，便不得安宁。" C.S.路易斯也曾说："根本没有一种幸福，是没有上帝祂自己在里面的，上帝不可能赐给我们这样一种幸福，它根本就不存在。" 因为，除了归回创造者，没有任何其它事物能使受造之物人类真正心得平安、心得满足。我们与上帝同在的感觉，是可以超越任何环境的平安、喜乐和满足，这是人在垂直维度向上的幸福要素。

水平维度上的幸福要素

接受完全爱的福音，建立了人与上帝之间正确的关系，不仅能翻转我们人的生命，也必修复我们的人际关系。我们在上帝的爱里，通过爱上帝而彼此相爱，我们的家庭关系和朋友关系渐渐亲密和和谐，我们的其它人际关系也变得真实和真诚。这是上帝的拯救，这也是福音的大能。这不仅将我们的生命从黑暗、罪和死的光景中带到光明、自由和永远里，也将我们的生活从痛苦、悲哀和无奈中带到喜悦、愉快和希望里。这是在人际关系中人在水平维度上的幸福要素。

垂直维度向下的幸福要素

在人垂直维度向下是人与自然的关系。在创造之初，上帝将自然及万物都赐予人类享用，并赋予人类管理自然及万物，就是管理其它一切受造物的权力。可惜的是，因着人的堕落，这种和谐美好的关系破坏了，人也失去了在受造界的尊荣。1760年代兴起的工业革命和近代的人口城市化，人类对自然环境的破坏日趋严重，对自然资源的攫夺肆无忌惮。无可否认，人与自然的关系切切关系到每个人的生存和幸福。试想，谁能坐在滔滔洪水之上坦然处之？谁又能吸着浓浓雾霾而开怀欢笑呢？回到上帝创造的次序里，遵守上帝为受造界的安排，并尊崇上帝的创造，是人的责任和本份，更是人赖以生存和享受幸福生活的基础。因此，爱上帝，而爱上帝创造的一切；爱人，而珍爱人类共同生存的自然，这是人在垂直维度向下享受幸福的要素。

真实的幸福，天人合一

就每个人本体而言，三个维度上的幸福要素是人自身外在的客体因素。拥有这些能让人幸福，失去这些肯定会让人痛苦。在水平维度上人与人的关系中，亲密的配偶让人幸福，而失去就肯定让人痛苦；在垂直维度向下人与自然的关系中，和谐舒适的自然环境让人幸福，而洪水雾霾就肯定让人痛苦；同样，在垂直维度向上人与上帝的关系中，如果与上帝同在的关系仅仅维持在感觉中，那么失去这个感觉就肯定让人茫然。这样，一个人本体的幸福依赖于外在客体因素，就只是暂时的主观幸福，而非持久的客观幸福，不是一生之久的幸福，这样的幸福，如果称之为幸福，就不是真实的幸福了。

滔滔洪水对于人类是灾难，但对于鱼类就不是，它们可以自由遨游在洪水中；浓浓雾霾对于人类是痛苦，但对于鲲鹏就不是，它们可以展翅飞翔在雾霾之上。同样的事物，生命不一样，产生的结果就不一样。人类如何才能具有战胜灾难，超越痛苦的生命？人类如何才能不依赖于外在客体因素，将幸福建立在自身生命之上呢？

天人合一是中国人朴实的幸福观，也是一种世界观和人生观，表达了人与天及天下万物融合为一体的和谐关系。中国文化的琴棋书画传递了天人合一的情感；中国哲学的三大流派、儒、道、释三家对天理和天道与人道均有理论阐述；中国医学《黄帝内经》视人和自然是密不可分的，是一个统一的整体，人的生理和病理时时刻刻都受自然的影响；而中国文学名著更是有天意与人意交感相应的描写，天能干预人事，人的行为也能感动天。天，及由天派生出来的名词：天公、老天爷、天命、天意、天理、天恩、天赐等等，在中国人的心目中，虽然非常抽象，具有拟人化与想象的色彩，但具有至高的权利、绝对的道德意志和无比美好的祝福。

不仅在中国文化有天人合一的观念，印度文化的梵我合一，古希腊文明的供奉天神和两河文明的占星术，我们都可以看到人与宇宙，人与至高者合一的思想和美好愿望。与崇拜和敬拜一样，中西方文化在天和天人合一的思想上可谓是殊途同归。

在中西方文化中"天"的含义非常丰富，涵盖甚广，归纳起来可以概括为下面三种主要方面：主宰之天、公义之天和自然之天。主宰之天是具有绝对智慧和至高权利的天；公义之天是具有绝对道德意志的天，并且审视人心，赏善罚恶；自然之天就是整个自然界和自然现象，包括日月星辰等天象，山川、湖泊、大海和气候、气象等自然环境。人与主宰之天的合一表达的不是人拥有绝对智慧和至高权利，而是对命运的把握和对生活的自信，有超越环境的生命。人与公义之天的合一表达了天理良心做到人的生命里，是生命的美德，自然而然由心而生。

人与自然之天的合一表达人与自然万物浑然一体、和谐美好的
关系。

　　这样看来，天人合一就是上面谈到的三个维度上的幸福要
素成为了人内在主体生命元素。当人的生命实现了天人合一，
主体的幸福就不依赖于外在的客体因素；这样的幸福感存在于
我们自身本体的生命之内，而不是自身本体之外；这就是一个
人生命真正拥有的幸福，这才是真实的幸福。

道路、真理、生命

　　在第1章谈到道家的代表人物庄子，他描写一个绝对幸福
的人是一个不需要外在的教化和规范的人，是一个超越了外在
的事物，也超越了内在自己的人，是一个达到了无我、无功、
无名的人，是一个物我两忘活在心流状态里的人，是一个活在
天人合一境界的人。如何实现呢？如何获得这样绝对真实的幸
福呢？在第1章也谈到古希腊哲学家亚里斯多德在雅典学院说
出他的至理名言："幸福是把灵魂安放在最适当的位置。"他没
有告诉我们这个最适当的位置在哪里？也没有告诉我们如何将
灵魂安放到那里？哲学家给出了哲学的见解，心理学家给出了
心理学的方法，中国的儒、道、释三大流派也分别给出了各自
的方法，世界上其它的文化也会有其各自独特的方法。可以说
所有的方法都是人的思想，都是以人为本，试图通过学习实
践、苦行修炼获得真实的幸福，达到与天合一的境界。然而，
天是如此浩瀚、广大、深奥，天是那样至圣、至善、至美，一
个生在罪的世界满了罪性的生命何以能达到天的境界呢？最多
只是如瞎子摸象，怀揣对天美好境界的想象，期盼着天上幸福
的感觉而已。

毫无疑问，真实的幸福是需要内在的天人合一的生命。这天人合一的生命是什么呢？我们可以考察全世界从古至今所有的贤人智士，看看谁具有天人合一的生命。那么，从他启示的生命就是天人合一的生命，从他给出真实的幸福道路就是真理的道路。答案是：耶稣。

- 耶稣，祂本为上帝，借着圣灵成孕在童女马利亚腹中，取了肉体的样式，来到人类的世界。祂生为兼有神人二性的神而人者，祂的生命就是天（上帝）与人合二为一的生命。在约翰福音第1章1节和14节明确告诉我们：**太初有道，道与上帝同在，道就是上帝。… 道成了肉身，住在我们中间，充充满满地有恩典有真理。**

- 耶稣，祂在地上生活处处彰显上帝神圣的属性和智慧，活出爱、光、圣、义的生命。约翰福音告诉我们**道成了肉身**后，18节继续说：**从来没有人看见上帝，只有在父怀里的独生子将他表明出来。**

- 耶稣，祂具有至高者的权柄，可以斥责狂风暴雨，可以斥责邪灵污鬼；用祂的话平息海浪，用祂的话医治疾病、叫死人复活。在福音书中，耶稣多次说：**天上地下所有的权柄都赐给我了。**

耶稣所行的事还有许多，正如约翰福音结束时说：**若是一一地都写出来，我想，所写的书就是世界也容不下了。**人类世世代代追求真实的幸福，苦苦寻求与天合一的境界，在两千多年前，耶稣已经真真切切地表明出来，也在圣经上明明白白地记录下来。耶稣用祂自己的生命告诉人类天人合一是什么，那就是神人合一的生命。这真是一个极大的奥秘，但创造人类的上帝乐意将这个奥秘启示给我们全人类。提摩太前书第3章16

节说：**大哉，敬虔的奥秘，无人不以为然！就是上帝在肉身显现，被圣灵称义，被天使看见，被传于外邦，被世人信服，被接在荣耀里。** 敬虔的中文词典意思是庄敬虔诚，这样的解释无法正确理解这句话的意思。敬虔的英文是Godliness，意思就是像上帝。这就简单地告诉我们：像上帝，活出上帝生命的奥秘，就是耶稣道成肉身，祂在地上的生活，祂在十架上的死，祂三天后的复活和升天；就是这广为流传完全爱的福音。

上帝不仅乐意将这个奥秘启示给我们全人类，祂更愿意将祂那神圣的非受造的生命分赐给我们人类，那就是在耶稣死、复活和升天后，天父上帝赐下的生命圣灵。2000多年前，耶稣说：**我就是道路、真理、生命，离了我没有人能到父那里去。** （约翰福音第14章6节）耶稣用祂自己道成肉身的生命给我们人类铺好了去到天父上帝家里的道路，给我们人类启示并预备了神人合一的生命，也让我们今天还活着的人可以领略那将来没有眼泪、没悲哀、没有苦号、没有痛疼、没有死亡的新耶路撒冷圣城与上帝和耶稣基督同在的生活。使徒彼得在五旬节领受圣灵后，面对几千民众大声疾呼：**你们各人要悔改，奉耶稣基督的名受洗，叫你们的罪得赦，就必领受所赐的圣灵。** （使徒行传第2章38节）这就是简单而明确的神人合一生命的三步曲：悔改、受洗和领受圣灵。

在本书开编，读者看到在中华始祖黄帝炎帝时代，仓颉所造的象形字"幸福"两字就表达了悔改，罪得赦免，献祭后获得祝福的意思。这福音的大好信息早在距今约3500多年前就已经根植在人类的文化里，世世代代在华人中呼喊，生生不息在人类中呼唤。今天，读者朋友，您愿意获享真实的幸福吗？耶稣

已经将获得真实幸福的生命、启示真实幸福的真理和通往真实
幸福的道路为你预备好了，您只需要迈出信的脚步。

后 记

上帝的神能已将一切关乎生命和虔敬的事赐给我们，皆因我们认识那用自己荣耀和美德召我们的主。

《圣经》彼得后书第1章3节

在第一章开始谈幸福时，我们看到古代圣贤，无论是希腊哲学家苏格拉底、柏拉图、亚里士多德、斯多葛学派，还是中国思想家孔子和孟子，都认为一个人的幸福是以美德为前提的，与其修德行善相关，德性和智慧是人生的真幸福。当代积极心理学也认为一个人发现自己的美德，并在生活中充分发挥美德的优势，就可以实现真实的幸福。

美德是无论古今中外不同民族的人称之为人的基本道德品格。古希腊哲学家柏拉图提出四项经典的基本美德是：节制、审慎、勇气和正义。中国古代文化讲的美德是：忠、孝、仁、义、礼、智。随着哲学、社会学、心理学、宗教等人类理性的发展和人类对自身的认识深入，对人性美德的认识也在不断深入和扩展。我们可以罗列如下人性的美德：正义、善良、审慎，勇气、礼貌、忠诚、节制、慷慨、怜悯、仁慈、感恩、谦虚、宽容、真诚、勤奋、坚韧、积极、乐观、孝顺、勤俭等。积极心理学研究了全世界3000多年历史中各种不同文化，罗列出人类200多种美德，从中归类出六个放之四海而皆准的美德：智慧与知识、勇气、仁爱、正义、节制和精神卓越。

上世纪90年代以来，在哲学和心理学领域，对美德实在性的问题有着广泛而深入的辩论。所谓的美德实在性是指人作为道德主体内在的某种性格特质与道德行为具有的一致性，简单地说就是美德的表里如一。一些道德哲学家借用社会心理学中情境主义的研究结果指出人的道德行为应归因于外部情境。在不同情境下，人们的道德行为不具有一致性，因而被视为性格特质的美德没有对应的心理事实，不具有实在性。谈到美德实在性问题，使我想到本书第2章谈人心是善还是恶时，《人心：善恶天性》的作者埃里希·弗洛姆将人比喻为一种是狼和一种是羊，许多具有美德的羊生活在一个由邪恶的狼主导的社会中，一些善良的羊因着狼的迷惑去行凶、去谋杀，更多的羊被情景所致，做出了与其内在善良不一致的行为。那么为什么会有狼，并且主导社会呢？继续推演情境，狼在主导社会之前也是一只善良的羊，当这只羊获得了地位和权利后，情境的改变，这只善良的羊里面的罪性发动，从善良滑向了邪恶，从羊演变成了狼；也就是津巴多教授所说天使堕落成魔鬼的路西法效应。从本书第7章谈到罪的问题，我相信读者已经对美德实在性的问题有了答案，这是人的罪性所导致。《圣经》罗马书第7章18-19节给出了准确的回答：**因为，立志为善由得我，只是行出来由不得我。故此，我所愿意的善，我反不做；我所不愿意的恶，我倒去做。**从美德实在性的问题我们也可以看到积极心理学的用心良苦，通过宣扬人类共同的美德，营造社会公德氛围和家庭和谐气氛，使人们在生活中充分发挥美德的优势。

　　实际上，直觉也告诉我们，人类的美德具有强烈的社会情景性。在上面所列举的美德中，无论是古代还是现代，是东方还是西方，是哲学的角度还是心理学角度，都有正义这一项。如果将正义这一项从四项经典的基本美德中剔除，善良就是假冒伪善，审慎就是阴险狡猾，勇气就是残暴凶恶；因此，正义应该是人类基本的美德。什么是正义呢？我们可以说正义是公正的和正当的道理，从道德范畴来看正义与公正和正当同义，是有一定社会道德规范的思想和行为。但人类的社会道德规范受到强烈的功利主义、道德义务、社会舆论和宗教信念等等的影响，如，在第二次世界大战中美国向日本扔下的两颗原子弹，还有近二十年来世界各地持续发生的恐怖袭击，这些事例都表明我们人类的正义美德是有条件的，是相对的。可以说，人类不可能有全体一致的绝对的道德观，也不可能有绝对的正义。

正义是古希腊伦理学和政治学的重要概念。柏拉图在经历了苏格拉底之死后，在著作《理想国》第一卷中借苏格拉底之口不断追问色拉叙马霍斯（Thrasymachus），得出的结论是"正义是强者的利益"（或翻译为：正义是有权力的人做出对自己有利的事情）。这样看来，正义这个基本美德是不可靠的，人类引以为豪的人性美德是不完全的，是有缺陷的。

这也就是说，我们人类，无论哪国哪族的人，我们对正义和美德的认知上都出了问题，或者说我们人类并没有认识到在正义这个人类基本的美德之外还有更为基本的美德。全人类在认知上都出了问题，这一点也不是不可能的。我们可以用色盲举例来说。色盲，又称色觉辨认障碍，是人类三组视锥细胞其中一组或多组出现了病变所致。如果一个人对红色色盲，看纯红色是灰色，视觉正常人可以纠正红色色盲人对红色认知的错误；如果全人类在历史上的某个时间，因为病毒导致感光红色的视锥细胞死亡，并且影响到遗传基因，从此人类全都看不到红色，那么人类对红色的认知就是灰色，看到太阳灿烂的早霞和晚霞就是平淡灰色亮度的变化。我们对美德的认知也是如此，起初上帝创造的人类是完美的，是甚好的，但在人类历史上的某个时间，人类完美的人性被玷污了，生命中的美德品质发生了改变，从此，我们的认知中缺失了更为基本的美德，我们认识不到绝对的正义美德，这样，其它所有的美德就都有了问题。发生这个改变的时间就是亚当"感染"了从撒但而出悖逆上帝的罪的意识，从此，<u>罪就是从亚当一人进入了世界，</u>"病毒"就在人类生命中世代相传。

我们从哪里能够认识我们所缺失最基本的美德呢？在第7章谈到罪的问题已经陈明，我们人人都是亚当的后裔，传承了亚当的罪性；显然，在罪性的人类中，寻找人性完全的美德是不可能的，但在人类的历史中有一个完全无罪的人，那就是有血有肉的耶稣。我们唯有考察完全无罪的耶稣，从祂的所说所为中考察完全的美德；我们唯有考察圣经，从圣经的启示中，认识人类真实的美德。

耶稣在祂满30岁，出来传天国的福音时，所做的第一件事就是受施洗者约翰的洗。马太福音第3章13－15节的记载如下：<u>当下，耶稣从加利利来到约旦河，见了约翰，要受他的洗。约翰想要拦住祂，说：我当受你的洗，你反倒上我这里来吗？耶稣回答说：你暂且许我，因为我们理当这样尽诸般的义。于是约翰许了祂。</u>施洗者约翰的洗是将人浸到水里表示悔罪。耶稣是完全无罪的人，祂没有什么罪要承认的，也无须领受悔改的浸，反倒施洗者约翰应该接受耶稣的洗。这一点施洗者约翰知道得很清楚。但耶稣坚持受洗，说：<u>我们理当这样尽诸般的义。</u>这里的"义"指因顺服上帝对人的要求而显出的正当品行。耶稣以祂的人性站在人的地位上，顺服上帝对人的定规，尽祂在人性里作为人应该尽的本分。

耶稣作为人，在这个世界所做的最后一件事就是在十字架上的死。在福音书中，我们看到祂可以从攻击祂的人面前走开，可以在海面上行走；按祂的神性，祂也完全可以从捉拿祂的人面前走开，而不会发生被钉十字架的事；就算是被钉十字架，祂也完全可以从十字架上下来，但祂愿意完全顺服上帝的意思，在祂去耶路撒冷途中与门徒们的对话，在祂被捉拿之前在客西马尼园对上帝三次的祷告，都清楚表达出来。**我父阿，倘若可行，求你叫这杯离开我；然而不要照我的意思，只要照你的意思。**（马太福音第26章39、42、44节）这杯是上帝忿怒和审判的杯，这忿怒和审判原是我们这些满了罪性的人应该承受的。耶稣，在祂的人性里，并非愿意承受肉体极其痛苦十字架的死，但祂完全持守着人的身份立场，代替我们喝下这忿怒和审判的杯，在十字架上受死，承受上帝对我们罪的审判，成就了上帝的救赎旨意。（参见第7章代罪与罪得赦免）

　　耶稣在这个世界上的一生是完全顺服上帝的一生，这就如在约翰福音第3章30节记载祂说的话：**不求自己的意思，只求那差我来者的意思。**耶稣单单地按那差祂来到这个世界的上帝的旨意在世上生活了33年半，祂用祂人性的一生告诉我们人类，顺服上帝，按上帝的旨意生活是我们人类生命中必须有的一个基本品质，因为：

　　•上帝是万有的主宰，我们人理当顺服上帝，俯伏在祂的权柄之下；

　　•上帝是我们生命的创造者，我们生命的父，我们人理当顺服上帝，谨守遵行祂的律例和律法；

　　•上帝是自然和我们生命的维系者，我们的生活、动作、存留，都在乎祂，我们人理当顺服上帝，按照祂的话语行；

　　•上帝是我们的救赎主，我们人理当顺服上帝，遵行祂给我们的救赎之道，胜过罪和死亡；

　　•上帝是一切美善和公义的源头，我们人理当顺服上帝，按照圣经的教导和启示，认识我们人真实无伪的美德；

• 上帝是深爱我们的神，我们人理当顺服上帝，遵守上帝的诫命，这就是爱上帝和对上帝爱的回馈。

华人应该比世界上其他民族更容易理解：顺服上帝是人类最最基本的美德。在中华文化的美德中有一项是孝，中文也有句经典俗语：百善孝为先，就是说一切的美善都是以孝开始，以孝为根本。孝的意思是孝顺和孝敬；孝顺指服从父母和长辈的权威，遵从他们的意思和命令，按照他们的意愿行事；孝敬指回报父母和长辈的养育之恩，尊敬和爱戴他们。在中华文化中，受人滋养而给予报答是天经地义的事，"孝"作为中华传统美德而广为提倡。在本书的第5章和第6章已经清楚地阐明生命是源于创造，我们人类的生命是上帝的特别创造和亲自分赐，这样，我们人类就应该视顺服上帝是天经地义的事，遵从祂的命令，按照祂的旨意行事为人，并且爱祂，敬畏祂。

创世之初，在伊甸园中，上帝让亚当为代表的人类用自由意志顺服上帝的要求，然而亚当违背了上帝的命令，用自己的方法寻求智慧和分辨善恶的能力，结果在顺服上帝的命令上跌倒；今日的你我当从亚当和夏娃跌倒处爬起来，以耶稣的顺服为榜样，回归顺服上帝这一人类首要的、最最基本的美德，建立我们人类的其它美德在顺服上帝这个根基之上。

人类在过去5千多年灿烂辉煌的文明史中，发展了文字语言，发明了工具器皿，建立了人类社会体系，创建了音乐、艺术、哲学、自然科学、心理学、医学、宗教、…，人类在逐步认识自然，也在逐步认识自己。人类发现了自己的有限和生命的悲惨，摸索着自身的救赎之路；人类看到了人性的美德是自身的幸福之道，推崇着行善积德、施恩图报。然而，生命出现了问题，对生命的认知就必然有问题，与生命相关的一切认知就必然有问题。就说与生命相关的幸福这件事，我们人人都渴慕幸福，我们也知道幸福是以美德为前提，我们行善积德，追求幸福；但是，由于我们生命中内在的美德缺失，我们所认知的美德就是有缺失的美德，我们所行出来的美德就是不完全的美德，那么由此产生的幸福和幸福感就是有缺失的、不完全的和短暂的；这也难怪我们的幸福感转眼即逝。这正如圣经所说：**我见日光之下所做的一切事，都是虚空，都是捕风。… 因为，多有智慧，就多有愁烦；加增知识的，就加增忧伤。**（传道书第1章14，18节）

人类的创造者上帝比我们任何人都清楚人类的窘境，也为我们人类预备了救赎之道。在亚当犯罪，罪性进入亚当的生命中之后，上帝就宣告：将来有一个没有罪的人要来，战胜罪和罪性。我们知道，这个人就是耶稣。在耶稣被钉在十字架上的那一刻，祂就一次并永远地战胜了罪和罪的权势。圣经罗马书告诉我们：因亚当一人的悖逆，从他以后的众人都成为罪人；照样，因耶稣一人的顺从，从祂以后的众人借着信祂都成为义了，也就是通过"因信称义"在上帝的面前成为了一个正确的人；并且通过接受圣灵而获得重生，成为一个新造的人。圣经以弗所书继续告诉我们：这个新人的心志将改换一新；这个新人是照着上帝的形象造的，有真理的仁义和圣洁。至此、我相信读者明白了，我们每个人都是从亚当而生，带着罪性来到这个世界；我们唯有接受耶稣基督而获得罪的赦免，接受圣灵而获得生命的重生；这样，我们的生命就重新有上帝的形象和圣洁的品质，我们生命中的美德就有完全正确的公正和公义；这样的生命和生命的美德才是生命和美德配享的真实幸福。

　　最后、我借用圣经彼得后书第1章3节的话：**上帝的神能已将一切关乎生命和虔敬（godliness）的事赐给我们，皆因我们认识那用自己荣耀和美德召我们的主。**上帝按着祂的神圣全能已经将一切关乎生命的事和关乎圣洁生活美德的事都赐给了我们，我们只要因着认识那位在祂神性荣耀里和在祂人性美德里呼召我们众人的耶稣基督，回应祂的呼召就可以得着。今天，读者朋友，如果您愿意得着，那么您就必得着，这是上帝的应许。

致　谢

　　首先，我感谢我的妻子刘芭，在过去的五年中，在我一人在阁楼上写作的漫长日子里，她默默地支持着我，使我可以潜心写作，按计划完成。我要特别感谢李定武和陈长真夫妇，在本书前两章完成后提出许多宝贵的意见，从编辑的角度与我讨论本书的结构，提出建设性的建议。我要感谢中国厦门的於律师，从法律的角度与我探讨司法替代性纠纷解决机制和与赎罪的关系。感谢中国北京的朱老师，从修辞和语法方面对本书手稿提出了许多修改意见。感谢叶文虎博士，对本书的前期读者版提出了许多宝贵的意见，特别是章节之间的连贯和承接的意见，让我进一步思考和修改本书的结构和内容。感谢李一丁和宋茆荪夫妇，仔细通读了本书，对书中的文字表达和描述的准确，标点空格提出了许多修改意见。感谢薛恭晖、王国容、宋邦强、文萍、张坦岳、和李力弥与我讨论书中许多段落的内容，并对书的内容给予肯定。我还要预先感谢许多在读本书前期读者版的长辈和朋友们，他们在医学、心理学、生物学、计算机科学、量子物理学、哲学、神学等等学科和知识上的意见将不断使本书的内容更准确，文字更清晰。在以后出版的版本中，我将会一一提名致谢。

www.ingramcontent.com/pod-product-compliance
Lightning Source LLC
Chambersburg PA
CBHW070923030426
42336CB00014BA/2517